● 建筑施工失败案例分析丛书

建筑防水与装修工程

[日] 半泽正一 著
牛清山 陈凤英 译
季小莲 校

中国建筑工业出版社

著作权合同登记图字：01-2006-1501 号

图书在版编目（CIP）数据

建筑防水与装修工程／（日）半泽正一著；牛清山，陈凤英译. —北京：中国建筑工业出版社，2006
（建筑施工失败案例分析丛书）
ISBN 7-112-08238-2

Ⅰ. 建… Ⅱ. ①半…②牛…③陈… Ⅲ. ①建筑防水—工程施工—案例—分析②建筑装饰—工程施工—案例—分析 Ⅳ. ①TU761.1②TU767

中国版本图书馆 CIP 数据核字（2006）第 031400 号

Kenchiku [shippai] Jirei Shinrai sareru Shiage Koji no Genba Kanri
Copyright ©2003 by SHOICHI HANZAWA
Chinese translation rights in simplified characters arranged with Inoue Shoin Co., Ltd., Tokyo
through Japan UNI Agency, Inc., Tokyo

本书由日本井上书院授权翻译、出版

责任编辑：白玉美　戚琳琳
责任设计：郑秋菊
责任校对：张树梅　张　虹

建筑施工失败案例分析丛书
建筑防水与装修工程
［日］半泽正一　著
牛清山　陈凤英　译
季小莲　校

*
中国建筑工业出版社出版、发行（北京西郊百万庄）
新华书店经销
北京方嘉彩色印刷有限责任公司印刷
*

开本：880×1230 毫米　1/32　印张：$5\frac{7}{8}$　字数：168千字
2006 年 12 月第一版　2006 年 12 月第一次印刷
定价：**45.00 元**
ISBN 7-112-08238-2
　　　（14192）

版权所有　翻印必究
如有印装质量问题，可寄本社退换
（邮政编码：100037）
本社网址：http://www.cabp.com.cn
网上书店：http://www.china-building.com.cn

前 言

建筑中的装饰工程多种多样，为了实施该项工程必须具备丰富的现场经验和实际操作技能。然而，近年来的发展倾向是现场施工人员由于迫于编写相关资料及其他杂事，用于实际业务的时间甚少。

另外，还有很多施工人员存有以下问题：
- 书本上学的东西不能与现实相结合。
- 实际业务经验不足，故没有很强的领导能力。
- 从不过问与自己关联较少的工作。
- 由于专业分工细化及外包化，学不到本来应掌握的技术知识。

在这种易于引起失败的环境中，还有一个致命的弱点，那就是还有人对已产生的失败不去探寻其原因，隐瞒事实真相，再次重蹈覆辙。千万不能忘记，失败的教训无论是对于技术人员，还是对于一个企业，都是一笔宝贵的精神财富。

本书不单纯用语言，还选用了很多照片及插图，力图更完整地表达出失败案例的实际状况，同时还借鉴了读者的一些经验。如果本书能有助于防止建筑施工现场再度出现失败案例，作者将甚感欣慰。

半泽正一
2003 年 1 月

目 录

[1] 防水

1	漏水情况	10
2	防水层端部水的流经路线	11
3	防水层端部密封情况的考察	12
4	易于漏水节点(1)	13
5	易于漏水节点(2)	14
6	混凝土压顶处的漏水	15
7	压顶处的漏水	16
8	伸缩缝防水的失败案例	17
9	铝制压顶封口的粘接不良	18
10	铝制压顶的接缝设计的失败案例	19
11	窗框周围的漏水案例(1)	20
12	窗框周围的漏水案例(2)	21
13	门框周围的漏水案例(3)	22
14	窗框处不设金属披水板处理的失败案例	23
15	在窗框处即使设金属披水板也产生失败的案例	24
16	横向排水沟高度的失败案例	25
17	横向排水沟周围的失败案例	26
18	漏水斗高度的失败案例	27
19	排水管的布置规划的失败案例	28
20	忘记设置屋面雨水斗及补设的案例	29
21	工程中疏通堵塞的落水管后还漏水的案例	30
22	屋面排水管因温差而断裂漏水的案例	31
23	来自屋面排水管的漏水及配管隐蔽问题	32
24	卷材防水的失败案例	33
25	金属板屋面的基层施工不良产生的漏水案例	34
26	寻找漏水部位的难度	35
27	防水工程的施工组织计划与施工不良案例	36
28	钢结构柱子连接部位的防水案例	37
29	沥青防水问题与防水工法的选择	38
30	后施工锚杆等对防水层的破坏案例	39
31	温度引起的屋面防水压毡层混凝土的伸缩	40
32	温差使屋面防水压毡层混凝土产生伸缩的原因及对策	41
33	在沥青外露式防水层上撒沙砾产生的漏水案例	42
34	地下双层墙周围的漏水案例	43
35	难作防水层处的漏水案例	44
36	施工要点说明书与施工记录的问题	45
37	木结构住宅的漏水案例	46
38	外部密封的施工不良案例	47
39	超高层大厦的密封战略	48

[2] 金属结构

40	铁的锈蚀(1)	50
41	铁的锈蚀(2)	51
42	金属结构的锈蚀与污染案例	52
43	外部安装配件的污染案例	53
44	扶手根部的失败案例	54
45	扶手的失败案例(1)	55

46	扶手的失败案例(2)……………………………………………………	56
47	避难爬梯布置的失败案例(1)………………………………………	57
48	避难爬梯布置的失败案例(2)………………………………………	58
49	爬梯安装调整不足产生的失败案例…………………………………	59
50	伸缩缝的失败案例……………………………………………………	60
51	鸽子粪飞落所产生的危害案例………………………………………	61
52	坡道排水沟的失败案例………………………………………………	62
53	外部排水沟的失败案例………………………………………………	63
54	内部排水沟的失败案例………………………………………………	64
55	后施工锚杆的失败案例………………………………………………	65
56	外部广告牌的飞落事故案例…………………………………………	66
57	外墙板工程的失败案例………………………………………………	67
58	内墙板工程的失败案例………………………………………………	68
59	OA地面连接部位的失败案例………………………………………	69
60	其他的金属结构工程的失败案例……………………………………	70

[3] 钢结构楼梯

61	钢结构楼梯托梁用支座的失败案例…………………………………	72
62	钢结构楼梯与墙壁连接部位的失败案例……………………………	73
63	在钢结构楼梯施工中易产生失败的部位……………………………	74
64	钢结构楼梯休息平台的踏步斜梁位置与设备线路…………………	75
65	钢结构楼梯的踏步与扶手的位置……………………………………	76
66	防止钢结构楼梯的坠落及与墙壁的连接……………………………	77
67	钢结构楼梯的安装注意事项…………………………………………	78

[4] ALC 及 PC

68	ALC板的漏水…………………………………………………………	80
69	ALC连接部位的失败案例……………………………………………	81
70	上层的振动传至下一层的案例………………………………………	82
71	上部PC紧固件的管理计划不充分的案例…………………………	83
72	下部PC紧固件的计划不充分的案例………………………………	84
73	下部PC紧固件的计划………………………………………………	85
74	女儿墙的PC板托座的失败案例(1)…………………………………	86
75	女儿墙的PC板托座的失败案例(2)…………………………………	87
76	PC板的失败案例……………………………………………………	88
77	PC阳台………………………………………………………………	89
78	PC次梁的安装………………………………………………………	90

[5] 建筑门窗

玻璃

79	钢化玻璃的破损案例…………………………………………………	92
80	玻璃的破损案例………………………………………………………	93
81	更换因焊接火花受损的玻璃的案例…………………………………	94
82	SSG构造方法中玻璃的固定问题及对策……………………………	95

钢门

83	避难方向与门扇开启方向不同的案例………………………………	96
84	门扇的打开方向与照明开关的位置…………………………………	97
85	平时开敞的防火门与火灾……………………………………………	98
86	防烟墙与电梯前防火门扇……………………………………………	99

87	门扇脱扣器的失败案例(1)	100
88	门扇脱扣器的失败案例(2)	101
89	门扇开关器的失败案例	102
90	落地闭门器的失败案例	103
91	不能关上门的原因	104
92	门扇的翘曲与门挡	105
93	气密门扇的选择与锁	106
94	自动门的失败案例	107
95	钢门的锈蚀及其对策	108
96	钢门的门槛下沉案例	109
97	门的门槛节点处的失败案例	110
98	门框的收进尺寸不准的案例	111
99	门扇制作的失败案例	112
100	危险的门扇	113
101	门框的焊接定位锚片位置不准的案例	114
102	平面布置总图中考虑不周的失败案例	115

窗框

103	浴室门窗选择的失败案例	116
104	竣工后的建筑在严冬之季产生很大噪声的案例	117
105	单扇推拉窗扇的掉落案例	118
106	大风刮掉外部窗扇的案例	119
107	台风掀掉弯顶屋面的案例	120
108	窗框与窗帘盒之间节点处理的失败案例	121
109	窗框周围混凝土的翘曲案例	122
110	与防火分区的间距不足的案例	123
111	层间防水分区封板处的失败案例	124
112	层间防水分区封板部分的施工步骤实例	125
113	排烟窗的失败案例	126

卷帘门

114	卷帘门布置上的失败案例	127
115	卷帘门滑道处的失败案例	128
116	大房间分隔用防火分区卷帘门	129
117	卷帘门基座的失败案例	130
118	厨房中卷帘式防火门的失败案例	131
119	卷帘门与防烟垂壁等的失败案例	132
120	卷帘门门轴座部分的必要尺寸	133
121	卷帘门检修口的大小及位置	134
122	卷帘门条板涂装的损伤	135

木结构工程及木制门窗

123	木制门窗的失败案例	136
124	折叠门的失败案例	137
125	家具的布局研究不够的案例	138
126	温度使木材产生干缩的案例	139
127	木材干缩的案例	140
128	窗户周围等的失败案例	141
129	日式房间的综合评价	142

[6] 板及LGS

130	板开裂的失败案例	144
131	门框连接收进尺寸中的失败案例	145
132	墙壁与地面之间形成缝隙的案例	146
133	凹角部分的直角不准的案例	147
134	石膏板与霉菌的案例	148
135	地下机械室中的玻璃棉内部结露的案例	149
136	吊顶检修口的失败案例	150
137	走廊吊顶的失败案例	151
138	梁与墙之间连接的失败案例	152
139	楼板之间的防火处理的失败案例	153
140	墙壁与压型钢板之间的连接案例	154
141	墙壁连接系统中吊顶脱落的案例	155
142	系列吊顶检修口的脱落案例	156
143	防烟墙的失败案例	157
144	四周凹圆顶棚的几个案例	158
145	檐口顶棚的失败案例	159
146	外部岩棉吸声板被污染的案例	160

[7] 抹灰·地面·瓷砖及砌石工程

147	楼梯踏步高度的失败案例	162
148	地面工程的失败案例	163
149	瓷砖基底的剥离案例	164
150	墙壁瓷砖龟裂及剥落的案例	165
151	挑檐内侧的失败案例	166
152	坡屋顶的失败案例	167
153	外部涂装的剥离案例	168
154	瓷砖划分中的失败案例(1)	169
155	瓷砖划分中的失败案例(2)	170
156	易于变色的石材	171
157	将大理石用于卫生间的失败案例	172
158	石材砌缝中砂浆成分的渗出案例	173
159	地面石材的开裂案例	174
160	贴石材门扇的失败案例	175
161	易跌跤、易滑倒的构造节点	176
162	喷水工程的改善案例	177

[8] 外部结构工程

163	车道斜坡坡度的失败案例	180
164	停车场的容许高度的失败案例	181
165	为融雪的外部结构坡度的失败案例	182
166	沥青道路的侵蚀等案例	183
167	种植植物的失败案例	184
168	树木的倾倒案例	185

作者简介	186

本书中的图片所附带的编号，按如下所示颜色进行区分。
　蓝……失败案例
　红……正确施工案例或对失败案例的改善方案
　黑……现场管理者应掌握的基本事项

[1] 防水

1 漏水情况

当建筑物对防水这种最低限度的功能都得不到保证时,业主对建筑物的一切都将产生不信任感。为了杜绝漏水事故,就应牢记管理要点,必须在理解为什么产生漏水的基础上,再制定防止措施。认识渗漏情况,找出防水层的弱点。

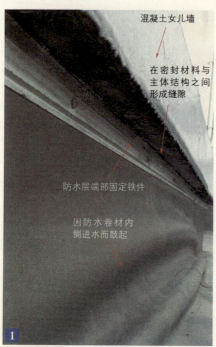

① 渗入内部的水使防水卷材降低了粘着力。因有防水层端部固定铁件,卷材才勉强没有被揭开。

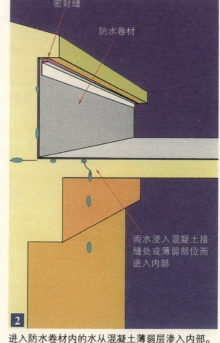

② 进入防水卷材内的水从混凝土薄弱层渗入内部。

③ 由混凝土薄弱层渗入内部的水使顶棚形成很大的污迹。

④ 漏水不仅使内部形成污迹,就连外部也受其影响。其原因将在下面进行说明。

2　防水层端部水的流经路线

在前面已经阐明了雨水渗入防水层薄弱层端部的流经路线及其端部的封口断裂的两个条件叠加而产生漏水的状态，本文将进一步考察水的流经路线。

流到女儿墙上的雨水如上图所示流进防水层的端部。如果削角面较宽，那么水的流动势头必将加大。

被污染处与没被污染处是怎么形成的呢？此处从雨水的流经路线就可以得到启发。

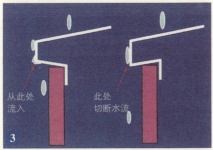

受污染之处如左图所示，泻水水弯处呈钝角，水容易流进去。其他部位如右图所示，水流被切断。

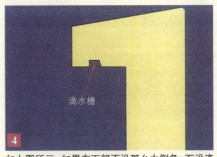

如上图所示，如果在下部不设那么大倒角，而设滴水槽防水就比较有效。

下雨天的水流情况。水流大的部分有时部分雨水超越滴水槽，但基本上能切断雨水。

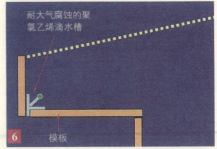

如上图所示，如将聚氯乙烯材料夹在模板中，就可以作成预埋入混凝土中的耐大气腐蚀性的滴水槽，这样既便于施工，又可以防止阳角产生缺陷。

3 防水层端部密封情况的考察

经分析调查已漏水之处可以看出多半都是防水层端部受损。当然并不是全部均匀受损，受损部分是基于某种原因。防水寿命将因此而缩短。也有时在专业施工公司的严格管理之下不提供防水保证书。但是只委托专业施工公司进行管理是不能杜绝漏水事故发生的。

1 封口处理在上方容易破裂。因此，当雨水顺势流下时，就易于渗入其内部。在做封口处理之前清扫混凝土表面是很重要的一环。

2 在女儿墙压顶底板处都涂了沥青。这样很难做出整齐的封口。因防水与封口处理为不同工种，其管理没有到位。

3 阴角处的混凝土没有进行找平处理就开始施工沥青防水卷材。沥青的端部太往下。

4 混凝土的转角处有缺陷。此处就不能很顺利地对防水端部进行封口处理。

5 这个高度无法进行完整的封口施工，也难于确认，故易于出现问题。

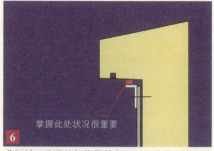

6 进行封口处理的部位很整齐，且又是易于施工的高度，因此容易确认也能确保防水工程质量。

4 易于漏水节点 (1)

图1是上屋顶电梯机房的楼梯与防水卷材的连接部位。图2是因漏水而要修补的状况。经过调查发现标准节点（图3和图4）出现了问题。沥青卷材防水的薄弱环节就在防水层的端部。很重要一点就是设计成水流不经过薄弱环节的节点。

雨水从上图的箭头开始越过压住沥青防水层的砖的上部，流向防水层的端部。

另一处建筑物的楼梯部分。因已漏水，后来做了聚氨酯防水。

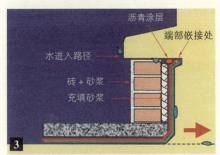

以前的标准节点。将防水层端部卷入结构的凹槽处，以沥青涂料进行封口处理，并在前面砌砖抹上砂浆。

因其是充填砂浆做法，故根据毛细管现象水将浸入其内部。已卷上的防水层端部鼓起，涂层也将产生老化。

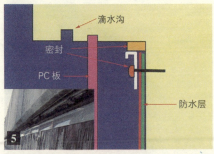

现在在防水卷材卷起处的前面铺设PC板等，将所有的防水卷材都做至端部，对用锚件处理的锚头也做封口处理。压顶铁件不锈钢的比铝的热膨胀小，比较适用。

在卷起处使用了厚为8mm的柔性板。1983年施工的，但板面仍很干净。

5 易于漏水节点 (2)

如图1、图3、图5所示的不便于施工易产生漏水的部位要在计划阶段就应尽量避免。另外,还必须以合理的外形来保持防水端部的连续性,或者绘制简单的图来进行验证。对于可能出现问题的部位应该在施工之前就与设计人员协商解决。

为什么没有抬高到这个位置呢?

1

防水卷材上翻高度不足,当下大雨时,防水层的端部易于浸水。另外,也不便于施工而易于产生缺陷。

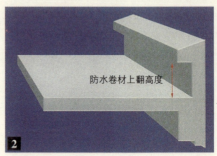

防水卷材上翻高度

2

图1理应如上图所示抬高女儿墙的高度。研究得不充分。

该种防水处理无连续性

3

这是防水层端部设计的太复杂的节点,易于发生问题。

防水卷材上翻高度

4

如果能像上图那样抬高出入口的高度,设置利用PC板或U形槽的踏步,就可以确保防水层的高度

为什么此处不抬高防水卷材上翻高度呢?

5

为什么将百叶窗安装在这个高度?实在不可思议。

端部处理不好

6

从各个剖面看似乎不矛盾,但施工完成后是这种效果。如果看图只看剖面就会导致这种失败。

6 混凝土压顶处的漏水

这是一个从混凝土裂缝处或已修补女儿墙的砂浆开裂部位雨水浸入防水层内部而产生漏水的案例。如图2所示，即使在外墙中设置了诱发垂直裂缝的施工缝，在女儿墙的顶端也可以发现有没设施工缝的节点，很多情况下在女儿墙的顶端也会产生面向垂直施工缝的裂缝。在对混凝土压顶进行处理时，设置配筋及认真浇筑混凝土是非常重要的。

1 当为混凝土压顶时，混凝土中有时可能产生如上图所示的裂缝，有时由该处产生像图示那样的漏水现象。

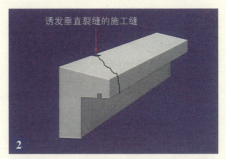

2 这是一个在女儿墙顶端没设施工缝的节点，后来混凝土开裂，导致从此处漏水。

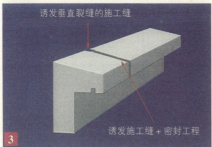

3 按上图所示，在女儿墙上设诱发裂缝的施工缝，并进行密封处理。

4 由于强烈的日晒产生膨胀及冬天的寒冷产生收缩，较差的混凝土将承受不住热胀冷缩的作用而产生如照片所示的裂缝。

5 女儿墙混凝土开裂，雨水从此处渗入，钢筋锈蚀而产生膨胀，下部混凝土已产生脱落。

6 钢筋的保护层太薄是其原因之一，但是最大的问题是振捣混凝土的不充分导致强度不够。

7 压顶处的漏水

压顶必须具备一定的止水能力，在图1所示的砂浆层上产生裂缝导致该处的漏水。当混凝土的精度出现问题时，就将产生如图3所示的事故。另外，如图5所示当压顶的防水层上翻高度不足且防水层端部处理不当时，雨水就易于浸入其内部。

用砂浆制作的压顶。另外，伸缩缝周围的孔洞也用砂浆抹平。

对铁件周围的裂缝也用砂浆像图1所示那样进行修补是造成漏水的原因。

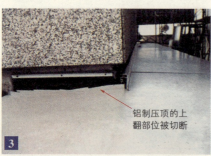

在安装时将铝制压顶的上翻部位切断。这种如果进行了封口处理无人知道的想法是很可怕的。这种敷衍了事的施工与漏水有直接关系。

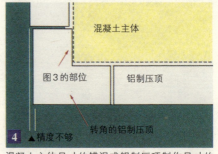

混凝土主体尺寸的错误或铝制压顶制作尺寸的错误。

这是露缝接头的铝制压顶，在压顶中用铁件及封口处理固定防水层，但是上翻高度太低。

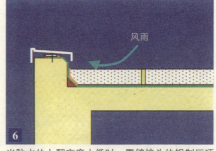

当防水的上翻高度太低时，露缝接头的铝制压顶内侧将吹进雨水，由防水层的端部的缺陷处产生漏水。

8 伸缩缝防水的失败案例

由于伸缩缝金属盖板的施工不好多半都导致漏水事故。在金属盖板的下部设置如图1所示的防水卷材,该种施工往往不够理想。另外,在防水卷材上有时掉落混凝土碎块,处于没进行妥善管理的状态。如用图4所示的方法是可以提高止水的可靠性的。

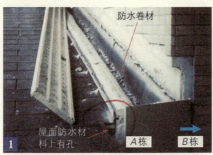

1 背水面开了大洞。如果只利用剖面研究这种节点,将产生诸如此类的失败。必须掌握立体节点构造。

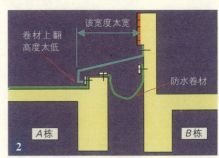

2 另外,伸缩缝的金属盖板的宽度太宽,A栋的防水卷材上翻高度太低也有问题。

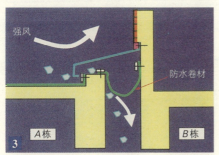

3 如上图所示,如阴角处一遇大风,内部气压下降,雨水就像被吸入那样浸入其内部。

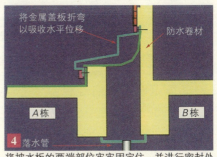

4 将披水板的两端部位牢牢固定住,并进行密封处理,将披水板折成弯板以吸收建筑物位移的方法对防止因气压差而产生的漏水是有效的。

即使如图4所示那样施工伸缩缝,由于密封材料的寿命不同也将产生漏水事故。此时有效的措施是在该图的梁下安设落水管。由于该落水管有排水功能,即使万一漏水也能进行处理。该部位在防水工程完工之前会浸水,因此也应采取止水措施。如果选择具有良好材质的管子作为临时用落水管,并直接用于正式工程中也具有防止漏水的效果。

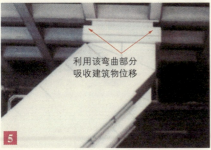

5 这是在通廊的伸缩缝处采用的利用折弯金属板吸收位移的处理措施。

9 铝制压顶封口的粘接不良

与混凝土压顶相比，即使采用安全性比较好的铝制压顶，如果接头处的密封断裂将失去意义。一般研究压顶的剖面往往容易忽视对连续方向的研究。但从过去的案例来看，往往多半在连续方向上出现问题。另外，多半采用如图5所示的露缝接头，但在与墙壁之间的衔接之处易于产生缺陷。

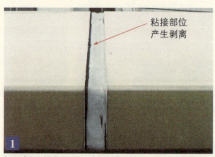

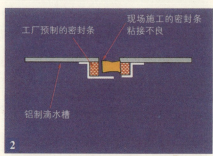

与单侧的铝制压顶之间粘接不良已产生了剥离。不能在现场很好地将工厂预制的密封条进行封堵时，粘着力不够。另外工厂预制的密封条一般采用双组分硫化橡胶，最好预先就试验现场施工的密封条与基层之间的适配性。基层的晾置时间的管理很重要。施工之前必须认真管理，防止在基层上粘着灰尘等杂物。

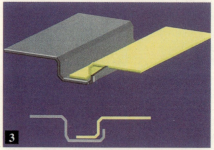

如上图所示，就弯制铝制压顶的接缝方法来说立体弯制比较困难，焊接又太麻烦，近来不怎么多见。

即使用密封条封堵，最后也就变成这种状态。因此应研究根本的解决措施。

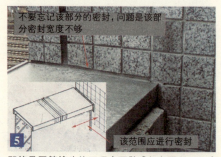

即使是露缝接头的压顶也要做成如上图所示，在墙与墙之间连接处必须实施50cm左右防止吹掉的封口。

此处封头宽度太宽，上翻部分的封头将被切断。

10 铝制压顶的接缝设计的失败案例

铝制压顶因经常受到很大的温差作用，而经常不断产生胀缩，吸收该胀缩的便是接缝。就设计值而言，当为深颜色时，可以考虑80℃的实效温差，但是如果不考虑该数值就施工，就会出现图1所示的情形而产生漏水事故。该种情形已在很多场合实际发生过，但是，目前的现状是还没有采取有效的措施。

1 接缝处的封口被切断

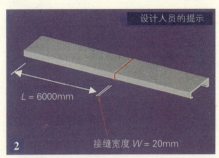

设计人员的提示

$L = 6000mm$　接缝宽度 $W = 20mm$

8月份施工的深色类的铝制压顶的改性聚硅酮的防水封口，冬季就出现了如上面的照片所示那样被切断的情形。原因是未经技术上的验证就按设计人员指示每6m长的压顶留20mm的接缝进行了施工，结果导致诸如此类的失败。

可用简单的计算方法确认接缝宽度。如果将表格式计算软件的计算结果作为工具带在身边，作为自己的判断标准是比较有用的。

如果将铝制压顶的长度 $L = 6000$ mm 代入下式

接缝的位移量　$\Delta L = \chi \times \Delta T \times L \times (1-K)$

　　　　　　　$W = \Delta L / E \times 100 + t$

则接缝位移量　$\Delta L = 10$ mm

　接缝宽度　　$W = 53$ mm（按日本建筑学会的计算公式）

铝制压顶的热膨胀系数 $\chi = 23 / 1000000 /$ ℃
深色类的铝制压顶的实效温差 $\Delta T = 80$ ℃
铝制压顶的温度位移量的降低系数 $K = 0.1$
改性聚硅酮的设计剪切变形率的标准值 $E = 20\%$
铝制压顶的接缝宽度的容许值的标准值 $t = \pm 3$ mm

从中可以看出由于温差的作用将产生10 mm的位移。另外本来接缝的宽度需要53mm，40mm以上已超过容许范围，因此铝制压顶的长度6m是不合适的。当压顶长度为3m时

　接缝位移量　$\Delta L = 5$ mm

　接缝宽度　　$W = 28$ mm

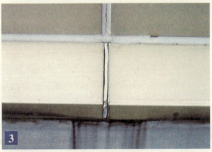

上述两图中犯有同样的错误。设计人员、施工人员及金属配件生产厂家都强调各自的技术性的政策。

11 窗框周围的漏水案例 (1)

窗框周围的漏水事故较多。特别是雨水由灰缝中浸入瓷砖之内的案例甚多。应在主体工程施工阶段进行密封处理并应完全进行止水，待加压进行洒水试验确认之后方能进入装修工程阶段，还有一点不要忘记，正确施工一次性密封的前提是确保主体工程的施工精度。

1 在窗框与瓷砖之间虽进行了密封处理，但是，问题是在瓷砖的基底阶段做防水了吗？

2 如果主体工程开口处的精度差，那么就要用砂浆填充与主体之间的空隙，再贴瓷砖。

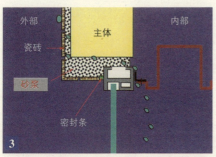

3 雨水将由外墙主体与后涂砂浆之间的孔隙渗进去而导致漏水。

4 这是扶手的砂浆压顶，抹上的砂浆已明显开裂。图3之窗框上部的砂浆也出现这种情况。

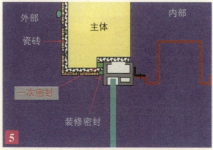

5 不依赖于砂浆，待在外墙主体与窗框之间进行一次性密封处理之后贴装饰瓷砖与石材等这一工序是正确的施工方法。

从该案例中可以看出防止漏水必不可少的是要确保主体的施工精度。当将这些内容详细地向施工人员进行交待时，得到的回答是"那是理所当然的"，但是实际的结果却并非如此。而他们就会辩解说"以前这么做都没问题"。头脑中所想与现实中有很大差距的技术人员有不断增加的倾向。对于必须进行管理的主要问题不管不问是不行的。反省现在的状况，使我们深切地感受到培养那些能够不断发现问题，并使其得到解决的人才是十分重要的。

12 窗框周围的漏水案例 (2)

图1为难于看懂的窗框图纸，是将止水橡胶的方向搞错了的案例。施工图是对安装人员传递信息的园地。必须注意与追求如CAD绘制的漂亮的图面相比，更应该注重图纸的重点突出、通俗易懂。

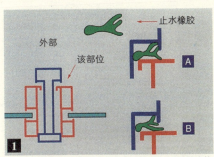

像B那样将联窗窗框中的止水橡胶的安装方法搞错了，故产生了漏水。A方法是正确的。其原因是窗框厂家没有认真地交待正确的安装方向。

落叶堵塞了开闭式屋顶天窗的排水机构，水位上涨漏到内侧了。对难以维修的部位要预先制定一些措施。

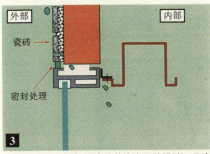

这是考虑了窗框与外墙的装修表面的设计，只密封了瓷砖与窗框之间的缝隙，但是流到瓷砖与主体之间空隙处的水漏到内部去了。

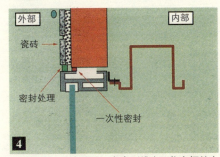

如果设计上允许的话，考虑到排水可将窗框放在内侧。否则，可如上图所示在窗框与主体工程之间进行一次性密封处理。

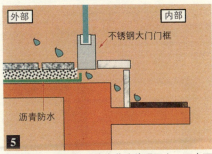

对沥青防水与门框的防水收头处理不当，下大雨时水流到内部去了。

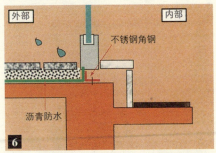

最好在主体结构上直接做翻边，如果不行应如上图所示借助于不锈钢角钢待在门框之间进行密封处理之后在角钢背面抹沥青防水层。

13 门框周围的漏水案例 (3)

对于门框的设置及设计考虑不周有时雨水将浸入内部。特别是必须考虑在台风等强风时也不会出现问题。

1. 当为挑檐比较短的出入口门框时,大风时雨水就将刮入内部。与推拉门相比,平开门更易于进水。

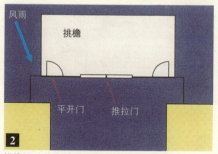

2. 挑檐不单纯向前面挑出,侧面也必须挑出。

3. 电梯机房的换气百叶窗的位置不好,当遇到大风雨时雨水将吹进去,有时淋湿机械及配电盘等。

4. 当为比较狭窄的机械室时,必须进行充分研究。

5. 双槽推拉窗框的内窗台板的涂料因结露水而产生剥离。

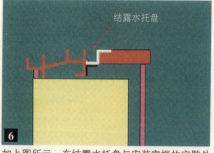

6. 如上图所示,在结露水托盘与安装窗框的空隙处做密封处理,使之能够存放结露水。

14　窗框处不设金属披水板处理的失败案例

当在窗框下部不做金属披水板处理时，容易产生漏水事故。那是错误地将瓷砖等理解为有止水性的，仅以窗框与瓷砖的密封来止水的案例。不要忘记结构体本身也可以止水这一原则。

1 无披水板将卷材防水直接卷至窗框，端部的三角密封被切断了。

2 内部漏水的状况。涂料因漏水而产生剥离。

3 铺设瓷砖作为联窗框的披水板，由该处产生漏水的案例甚多。

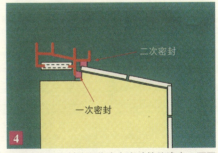

4 仅靠表面的密封防不住来自瓷砖缝的渗水，不要忘记与主体之间的早期一次性密封工程。

5 因施工精度比较差，用砂浆堵住窗框与主体结构之间比较大的空隙，但这不是一次密封处理就能解决的。

6 如果这样装修，搞不清主体与窗框之间的防水连接部位，此时必须作贴瓷砖前的检查及压力喷水试验。

15 在窗框处即使设金属披水板也产生失败的案例

在窗框处即使特意地安设不锈钢披水板，也像图1所示那样没有意义。必须考虑装设披水板，所产生的主体缺口与贴瓷砖的余量来绘制施工图。

挤出的瓷砖
该处密封的宽度不足

1 由于窗框披水板的热膨胀及振动等，瓷砖基底的砂浆由主体之中剥离出来，与瓷砖一同被挤到前面。

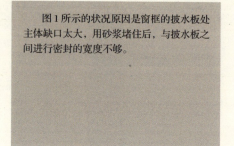

图1所示的状况原因是窗框的披水板处主体缺口太大，用砂浆堵住后，与披水板之间进行密封的宽度不够。

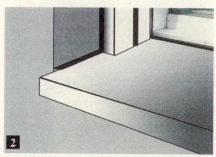

2 就是上图所示的主体工程。

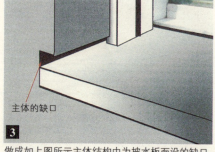

主体的缺口

做成如上图所示主体结构中为披水板而设的缺口，待在主体与披水板之间进行一次密封之后再贴瓷砖的话就不会产生此类事故。

在绘制窗框的施工图时，如果能预先绘制出主体详图节点，则施工效率好，并能减少错误。

为设披水板的缺口模板

4 这是在浇筑混凝土之前的模板情况。虽在主体工程中设置了为装设披水板的缺口，但终因要使用隔热材料施工精度较差。

16 横向排水沟高度的失败案例

图1为横向排水沟太高，在屋面上积水的失败案例。这种情况在外露式沥青防水中比较明显，在混凝土保护层下产生这种情况使防水层排水不畅，降低了防水性能。配筋方向与排水沟布置的策略尤为重要。

横向排水沟比较高时，未经处理就进行了防水施工，每当下雨时就形成了积水。当排水坡度比较缓时，有时在低处增补的防水卷材的搭接部分形成对水流的障碍。

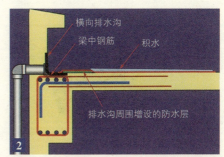

排水沟的高度被抬高是因为对梁中钢筋位置研究不充分造成的。为了使排水沟比水位低3cm，应在设计时就注意到排水沟设置时不要碰到钢筋。

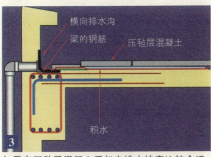

如果有压毡层混凝土看起来排水坡度比较合适，但是当排水沟的位置比较高时，在压毡层混凝土下将产生积水。

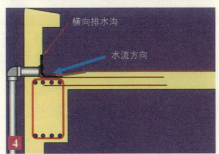

在考虑布设梁的基础上设置排水沟，就可以得到这种理想的处理效果。特别是在排水沟下钢筋密布时，振捣混凝土就显得格外重要。

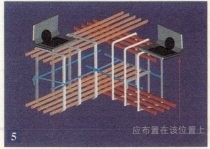

横向排水沟不应当设置在左侧的较高的梁上，而应设置在右侧比较低的梁上。

如果排水沟的安装位置比较高，则即使在下雨后的第二天也将残留有积水。

17 横向排水沟周围的失败案例

如图1所示的节点是在设计阶段及施工图阶段的剖面图中难于表达的部分。在建筑工程中有不少相当重要的部分还没有绘出标准图。如果说这么普通的部位为什么还没形成标准呢？这是因为各自的理解方法不同。另外常规的做法分歧很多，对其完全掌握需要时间，当时间紧迫时从失败案例中学习也是一种行之有效的方法。

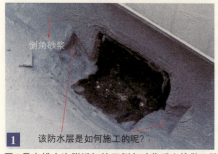
倒角砂浆
1 该防水层是如何施工的呢？

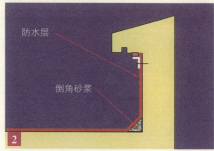
防水层
倒角砂浆
2

图1是在排水沟附近切掉了倒角砂浆后直接做了防水工程。推测是为弥补排水管的缺陷所致，这样施工倒角砂浆是没意义的。如图2所示，将防水层的拐角处做成斜坡，其目的是防止防水卷材产生缺损。集水部分的施工不良是致命的弱点。

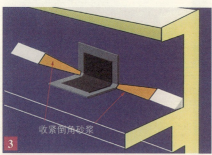
收紧倒角砂浆
3

这样将倒角砂浆与排水管的弯曲部分相一致就可以使防水层的弯曲部位圆滑过渡，也就可以顺利地收紧排水管的罩子。

4

横向排水管太靠里边了，无法进行维修管理。必须将开口加大。如将U形沟倒着用则就可以做出满意的开口。

网罩
5

由于横向排水管的位置不好而不能正确地安放罩子，故要安装另外的罩子。因为有开口则只能用网罩堵上。

排水管罩子安装用螺栓
6

很多情况下都是预先拆下螺栓，所以，要考虑到别让混凝土或沥青堵住螺栓孔。

18 漏水斗高度的失败案例

漏水斗的安装是浇筑混凝土之前的作业，所以产生如下所示的失败案例甚多。如果在屋面板配筋后再留出位置，或者弯曲钢筋或者剪断钢筋来设置排水管，这样很难正确安装。应绘制为固定排水管的计划图，配筋前就定位，更重要的是事前应与钢筋工程负责人进行协调。

排水坡度与排水管的布置不协调，就可能产生很多的积水。排水坡度小或者采用比较复杂的排水坡度，就将导致失败。还必须充分考虑到宽波纹钢板的挠度。

如果将漏水斗抬高，就不能顺利地进行排水。必须比最低处混凝土的标高还低3cm。

打入混凝土中的排水管表面比混凝土表面还高。这样就将产生积水。另外还安装斜了。

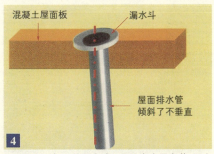

如上图所示打入的漏水斗如果没有水平安装，那么后拧上的排水管就不能垂直，连接就要重新校正。

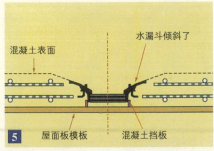

造成高度太高或者雨水管倾斜的原因是因为屋面板模板的设置没有达到水平或没有固定好。

顺利嵌入的雨水斗。在雨水斗周围设置了补强加固筋，由于混凝土难于浇筑，应进行充分振捣。

19 排水管的布置规划的失败案例

虽然不是雨天但发现屋面板上有水流,后来生长的藻类污染了屋面。调查其原因后发现是空调机的结露水。尽管花钱将建筑物外观装饰得很漂亮,但没考虑这一问题很遗憾。如开始时就考虑到这一点就能够用低价格得到改善。

在外露式防水的屋面上空调机的结露水的排水受到污染而在流淌着,"向外部随意排水"这种不加思考的方法导致了这种结果。

这是室内机的排水直接流到阳台的地漏中的理想案例。

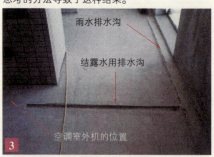

如在公寓的走廊一侧流淌着空调机的排水那是很难看的。可以采取预先做一个排水沟再加个盖子的措施。

屋顶房间上的雨水经外部落水管流到屋面上。该种设置也要尽可能地放在排水管附近。

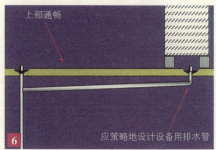

图5为冷却塔的自动清洗后的排水溢到屋面上,屋面因此而产生藻类。当规划排水管时很少能考虑到设备的排水。如果能多增设一根排水管就不会堵塞通路,在布置上也就显得格外整齐。

20 忘记设置屋面雨水斗及补设的案例

有时虽然预先就准备了雨水斗的材料，但却忘记了签订安装工程合同。在浇筑混凝土之前的忙乱气氛中忘记了安装，事后就像图1所示那样又花费功夫开孔安装。而且做出来的雨漏质量也不好。

图1是在钢结构楼梯的休息平台处没设雨漏就抹上了水泥砂浆，事后凿除又重新安装的部位。

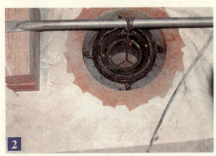

在楼板处取芯开洞，设置雨水斗后再抹水泥砂浆，利用这样的安装方法因找不正水平故需重新校正。而且也无法设开口补强加固筋。

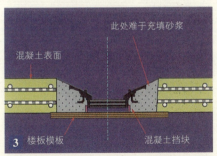

在这种截面中所设置的雨水斗不能指望主体结构有止水性能。

当防水层有缺陷时，就从比较差的地漏周围的砂浆处产生如上所示的漏水。

宽波纹钢板处的后浇砂浆情况。后浇砂浆已经溢出来了，担心经振动有可能掉下来。

当产生一次失败时，如果采用迁就的方法进行修补，那么经常还会重蹈覆辙而产生新的错误。很多情况下这将是致命的。正确的做法应该是将已产生的失败案例情况在全队交流，听取有更高的技术水平及经验的同伴的意见，作为全队的失败案例来加以认识，找出比较恰当的对策，这才是非常重要之举。现在已取得ISO认证的企业在不断增加，但这只是一种形式迈没终结，应将不足之处明确记载下来，找出防止再度发生的措施，这才是一个真正的企业应具备的品格。

21 工程中疏通堵塞的落水管后还漏水的案例

在工程中各种场合下将发生堵塞雨水排水管的情况。垃圾与钢筋绑扎用钢丝、钉子等堵在落水管的弯头处,在那里含水泥成分的排水一经流过将产生凝固挡住水流。特别是排水管中因难于检查就直接交付使用,大雨时水排不出而导致漏水事故。

1 如排水用的排水管堵塞,则管中无法承受这么大量的排水而溢出。

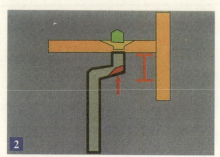

2 该部分易于堵塞,且清扫时既费工又费钱。

3 在浇筑压毡层混凝土时,含有水泥成分的废水流入此处。并使位于弯头处的垃圾结块凝固。

4 混凝土的渣子及垃圾进入排水管中。此处如图3所示的灰浆流入配管中并使其堵塞住。

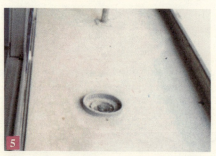

5 对策:经常清扫地漏周围,为了防止垃圾等进入管中,按照片所示将尼龙管切成圆环状并用密封胶粘住,盖上防护网进行保护。

6 图6是压毡层混凝土中的石灰成分长期溶出渗到防水层中间,流到排水管中的情景。

22　屋面排水管因温差而断裂漏水的案例

　　夏季施工的屋面排水工程中的排水管在竣工后的冬季于接头处断裂并产生了漏水。上部是用丝扣紧固在雨漏上，下部打入混凝土地面中。硬质聚氯乙烯树脂的热膨胀系数为 $50 \sim 180 \times 10^{-6}$，夏季温度为30℃，冬季温度为0℃，如30℃的温差作用在4m的配水管中，计算上最大有 $4000 \times 30 \times 180 \times 10^{-6} = 21.6mm$ 的收缩变形。配水管自身不能经受住这么大的外力，故产生了断裂。

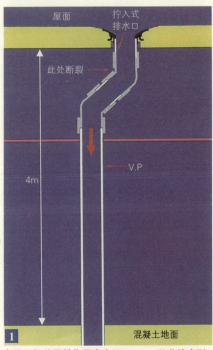

1　由于30℃的温差作用产生了21.6mm的收缩变形。

2　下图是排水管开裂的部位。因为是固定上下的，所以，由于温差所产生的收缩力在起作用，故断裂了。

3　由于作用很大的拉力，接头的薄弱环节被拉裂。

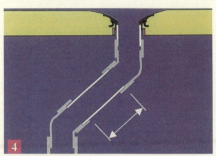

4　加长上面斜向部位配管的长度，就可以吸收一定程度的变形。

5　当变形比较大时，也有使用这类伸缩接头的方法（当防火隔断上下贯通时必须予以考虑）。

23 来自屋面排水管的漏水及配管隐蔽问题

排水管有各种各样，必须将地区特性反映到规划中去。此处是以一个失败案例为基础来考虑适合与否。另外在外观构思上是想隐蔽处理排水管，但应该考虑到发生问题时检修方便与否。

在隆冬积雪地区阳台挑檐吊顶产生了漏水，由小螺栓孔处渗入到板的表面。

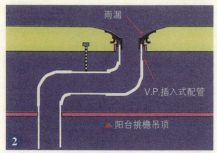

由插入式配管托住屋面排水管，为吊在吊顶内的处理方法。

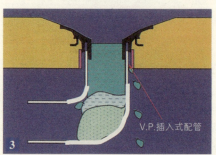

其原因是在弯头处雨水冻结堵住了配管，上面流下来的雪水在插头比较松的部位溢出。

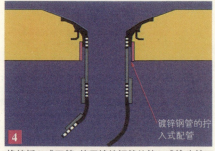

换掉插入式配管，使用镀锌钢管的拧入式接头就可以防止诸如此类的漏水现象。另外，如使用45°的弯头更能提高其安全性。

如将空调排水管及雨水排水管隐蔽在柱子的装修件中，当配管被堵塞时，查原因比较麻烦且修补费用也贵一些。

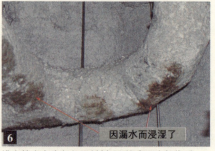

排水管在室内包保温材料，当检查漏水部位时，必须拆掉保温材料。

24 卷材防水的失败案例

竣工后不久就发生了如图1所示的事故，原因是卷材防水的胶粘剂由混凝土的施工缝处渗出，使内部钢筋锈蚀。因此必须认真处理防水卷材之下的混凝土施工缝。

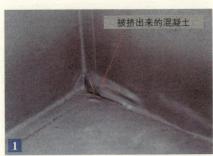

1 卷材防水层内侧的混凝土被破坏了，挤压了防水层。

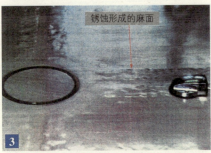

2 原因可能是混凝土施工缝处振捣不实，卷材防水的胶粘剂穿过其施工缝处使钢筋产生锈蚀，而锈蚀膨胀的钢筋又挤坏了混凝土。

3 与防水卷材无关，而是涉及到胶粘剂的影响。在屋面板上贴较长的防水卷材，由下埋设管道处的混凝土的保护层较薄产生了锈蚀。

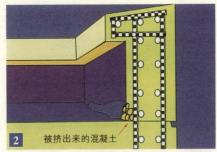

4 当使用此类易于引起锈蚀的胶粘剂时，必须认真彻底地处理钢制零部件。

5 如将防水卷材卷得过高，天长日久粘结力下降，有时卷材将产生下垂。

6 因为在设备基础的高出地面处抹上了砂浆，由于拉力集中使防水卷材产生了断裂。

25 金属板屋面的基层施工不良产生的漏水案例

图1和图2是施工过程中在大雨天产生漏水的事故。这是金属板屋面的基层薄板的施工质量较差、管理不当的案例。

受潮掉下的板子

1 屋面部分的防水施工质量较差，吊顶板与基层板一起掉了下来。

流淌的雨水

2 施工完防水卷材之后，雨水如照片所示在吊顶板的内侧流淌着。

水流从这里进入

3 落水管的最危险部分的基层板脱开了，在设计阶段研究不充分，管理不当的状况。

搭接长度不足　没形成防水

4 该落水管上到处是洞。另外，防水卷材搭接长度不足也是漏水原因之一。如这样马马虎虎施工金属板屋面后果势必全部返工。

5 铁件位置不正，故在与主体工程之间的连接处形成一个较大的洞口。

此案例失败的原因在于第一没有对细部处理进行分析研究就开始施工，第二对基层阶段未经检查就开始做金属板装修工程。所编制出来的施工要领书没起任何作用。甚至是作业人员连看都没看该施工要领书。现场这种不负责任的气氛必然导致这种结果，对此必须铭记在心。此处的管理重点是当基层完工时要与专业公司的负责人协商之后再用专用设备进行彻底的水压试验，如试验合格，才能放心地进入下道工序。

26 寻找漏水部位的难度

当已产生漏水时,想找出原因还是比较困难的。如图1所示的漏水场所是从压型钢板复合楼板中条件最差的部位漏的。即使能看见楼板中的混凝土也是由混凝土的接缝处或薄弱环节中漏水的,很难找到防水卷材的缺陷部位。因又不能做破损检查,一般是采取分组进行洒水及漏水试验,依次进行检查的方法。

1
当因防水施工不合格及老化产生漏水时,找出漏水原因及部位也将需要很多时间。

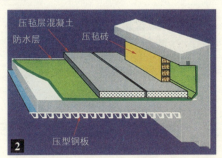

2
很多做法是不能够确认防水层状态的,更新修补将花费很多成本。

3
最近很多都是采用清除压毡层混凝土,揭开防水层,在压毡层混凝土下贴新的防水层的方法。

4
在改修防水时最大的麻烦是搬动位于其上的机械设备。如果能制定出将来的防水工程计划,建筑物的生命周期成本将下降。

5
就易于找寻防水层缺陷这一点来说聚氨酯外露式防水有一定的优越性。

27 防水工程的施工组织计划与施工不良案例

当对防水处理进行研究并确认后就是现场管理工作了。首先在工程开工前请负责防水工程的工长来现场检查并确认现场的情况是否具备进入防水工程的条件，同时还要确认防水部位及包括工作流程在内的调整协商。待进入作业流程之后要及时检查其技术技能。如果不及时纠正如图3、图4、图5所示的施工不良现象将造成不良的后果。即使是拿到了专业工程单位的保证书，当发生漏水事故时失去信誉的无疑是管理人员。

1 涂覆沥青基层涂料的状况。在此之前必须结束全部的事前检查工作。

2 即使有混凝土钉或孔洞及如上所述的凹凸不平，有些负责人对其不进行确认就布置防水工程。不要急慢前期工程的确认工作。

3 沥青防水层没粘在主体结构上而浮在表面，雨水将由此处渗入。要作好在早期阶段检查隐蔽工程的精神准备。

4 没有涂覆沥青防水层就随便交工了。如没有确认实物的实力而漏检了就将导致漏水事故。

5 在金属滴水板的内侧、板的阴角搭接部分有孔洞。在该种状态下就进入下一道工序。这说明专业施工公司缺少自主管理能力。

6 这是贴完金属屋面的基层板之处，遍布烟头及螺帽等杂物。此时必须认真进行管理。

28 钢结构柱子连接部位的防水案例

必须充分注意钢结构柱子的连接部位的防水。在施工图阶段防水处理没设计清楚,当现场负责人与防水施工的作业人员也都没有任何疑义时,就像图1所示那样施工了。

这是涂沥青防水的底涂层之处,但没能考虑到钢结构柱子的耐火喷涂部分的节点。

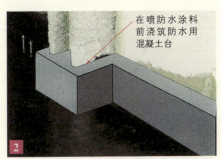

必须如上图所示浇筑完混凝土台之后才能进入防水阶段的施工。

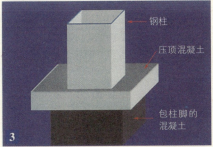

当在钢柱周围的防水卷材上浇筑混凝土时,如厚度不足则易于开裂,因此处理完后工作量较大。

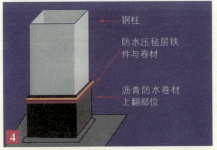

将防水层直接卷到钢柱上,如在其上实施耐火喷涂则可减薄饰面层。

在钢柱上贴防水卷材。用压毡层铁件进行固定,然后对柱子全面喷防火涂料,安装饰面装修材料。

如采用装饰板,则可以得到非常细长的装饰节点。

29 沥青防水问题与防水工法的选择

沥青熔化时会产生刺鼻的臭味。开始施工后经常接到附近居民的投诉造成工程停工。因此应预先就考虑到这些情况进行判断。另外防水工法有很多种，应考虑到可使用周期的成本来选择适合该地的防水工法。

① 这是正在室内煮沥青的情景，产生了一股刺鼻的臭味。有时错把烟误认为火灾而出动消防车。

② 有时设在斜坡处的沥青锅产生倾覆而引燃防水卷材。沥青的着火点为280℃，因此必须注意防止发生火灾。

③ 这是考虑到近邻情况将外部的沥青防水改变为喷灯工法的施工情况。用火焰枪加热粘接带沥青的防水卷材。

④ 喷灯工法所用的卷材。因卷材厚且硬，故接头处及防水端部比较难于施工。在凹凸较多处必须认真进行管理。

⑤ 如上图所示，在狭窄难于作业的沥青防水施工中有时容易产生缺陷，所以应该整合基础或改变防水的种类。

⑥ 这是用聚氨酯防水工法施工屋面的情况。即使是复杂的场所施工性能也很好，将来万一发生漏水时也易于确认漏水部位。保温施工是在主体工程内部实施的。

30 后施工锚杆等对防水层的破坏案例

建筑工程中与很多作业人员有关。很多情况下作业人员是来现场当天才接受必要的指示进行作业的，对以前的一些事情毫不知道。因此，下达指示的人员如果不是勤于指导将容易出问题。管理人员百忙之中有时发现不了问题，造成如下图所示的两种(图1～图3及图4～图6)失败事例。必须认识到现场负责人与作业人员在"理所当然"及"常识"上是有些距离的。

1 这是浇筑完屋面的防水压毡层混凝土后为设备基础而打设的后施工锚杆。

2 钻孔下部有防水层。即使静水压力试验确认不漏水，但后来这样打孔也将有可能破坏防水层。

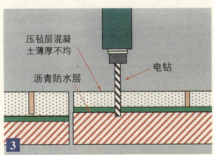

3 防水压毡层混凝土的厚度在有坡度的地方可能薄厚不均，所以后施工锚杆比较危险。

4 另一个类似的案例。某建筑物的厨房中的吊顶漏水。

5 在厨房的除油池支模板工程时，打穿了沥青防水层是其漏水的原因。

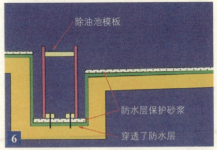

6 在固定除油池模板时，在保护层砂浆上打混凝土钉穿透了沥青防水层。

31 温差引起的屋面防水压毡层混凝土的伸缩

防水压毡层混凝土是为保护防水层而设的，如对此不理解就施工，反而会损伤防水层，这一点必须引起注意。

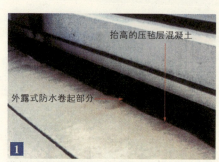

1 防水压毡层混凝土由于温差作用而产生位移，推挤外露式防水的卷起部分使其受到损伤。

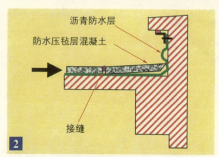

2 如上图所示端部的压毡层混凝土受热膨胀而伸长，温度一下降就恢复到原处。这种不断重复作用而损伤防水层。

3 进入接缝的沥青混合物由于压毡层混凝土膨胀而挤出，如一除去防水层被压密。

4 由于膨胀相邻两块的压毡层混凝土被压缩，前面的混凝土断裂，远处的混凝土隆起。

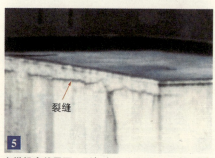

5 电梯机房的屋面。刚好在压毡层混凝土的位置处产生了裂缝。

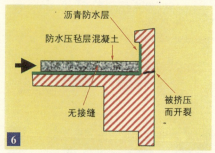

6 由于女儿墙的高度低且壁厚薄加之还单层配筋，所以抵抗不住压毡层混凝土的作用力。

32 温差使屋面防水压毡层混凝土产生伸缩的原因及对策

为了吸收温差造成的屋面防水压毡层混凝土的伸缩,可使用伸缩(吸收)缝棒,其安装时砂浆的施工是产生施工问题的原因。虽然做成了吸收膨胀所产生位移的结构,其缝的下面所放的少量砂浆是产生伸缩的原因。

1 在压毡层混凝土中已设伸缩缝棒那么为什么还不能吸收膨胀变形呢?问题就出在安装缝所用的砂浆上。

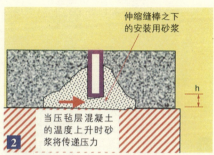

2 如上图中的h=2cm,抗压强度为300kgf/cm²的砂浆,每1m将传递100cm×2cm×300kg/cm²=60tf的力。

3 如果是如上图所示的贴在沥青表面上的产品,那么砂浆就不会进入其中。

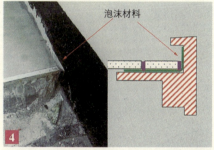

4 另外,与防水层相接的部位中如放上柔软的缓冲材料就易于吸收热膨胀所产生的变形。

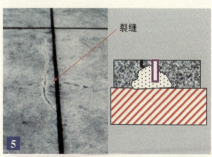

5 当伸缩缝安装用砂浆堆得过高时,后浇混凝土变薄就容易产生开裂。

6 当防水寿命已到产生漏水时,如铺设了防水压毡层混凝土,防水层的更换既费时间又费成本。所以考虑到维修保养性最好使用隔热砌块。

33 在沥青外露式防水层上撒沙砾产生的漏水案例

如图1所示的屋面的沥青防水层上直接铺撒沙砾的建筑物竣工不久就产生漏水了。虽然也曾指导过屋顶绿化，但终因考虑不周而产生了漏水，在其补救过程中花费了巨额经费。

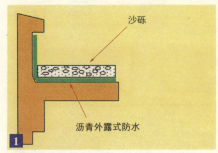

① 这是在沥青防水层上直接铺撒沙砾的设计。

② 屋面上生长着如图2所示的植物。其上既有水分又有光线，是植物生长的良好环境。

③ 竹子像图3所示其根部向防水层中扩展引起了漏水事故。

④ 如上图所示，即使在防水压毡层混凝土上铺设沙砾也并不安全。因根部从接缝之间发育，故不能指望有安全的效果。

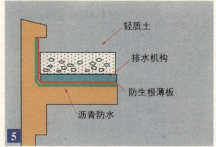

⑤ 近来如上图所示的节点构造比较多用，但必须设法不让根系扎到沥青防水层中。现在已有使用防扎根薄板的先例，板之间要充分搭接。

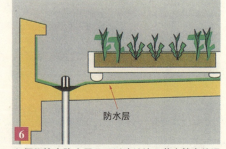

⑥ 必须能检查防水层且可以确认流入落水管中的泥水的情况。在建筑物的使用寿命中修补防水层不可避免。

34 地下双层墙周围的漏水案例

　　地下室外墙设计成双层的，将来自外墙的漏水引导到双层之中的排水口中，对于柱子也必须采取相同的对策。另外，且不要忘记为了能够确认双层墙内部的情况应在便于检查方面多下些功夫。

来自柱子的冷接缝的漏水润湿了内部的地板并发霉了。

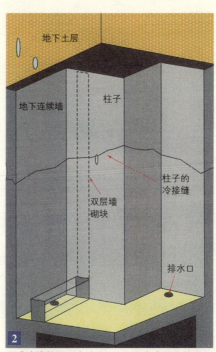

形成冷接缝是漏水的原因，必须考虑转角处混凝土的浇筑并振捣密实。

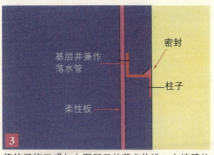

将柱子施工成如上图所示的节点构造，向墙壁处引导漏入的水。

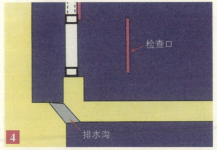

由于混凝土成分的缘故易于堵塞排水口，所以必须在墙壁上设检查口。做成如上图所示的简单的叠平缝式的节点就可以了。

35 难作防水层处的漏水案例

由于所用工法不同，有的地方难于堵住来自外部的漏水。虽然有从内部开个小孔填上有膨胀性的防水材料进行止水的方法，但是那里的水被堵住了，水仍然会向其他薄弱部位转移。如果可以的话安装落水管排水将是防止漏水的一个好对策。

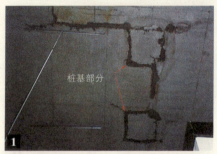

这是逆做法中后浇临时工作平台处的楼板混凝土的地方，从接缝处产生了漏水。这是一个难于由上部进行防水的部位。

下部的积水。水从结构接缝处或薄弱之处漏进来了。

这是漏水漏到了吊顶上，作为应急处理措施采用塑料布做落水管将水排至排水沟中。

这是在漏水部位安设接水盘接水之处。将它装设在吊顶之内问题就解决了。

在漏水部位安装的不锈钢集水槽。

为了防止地下通道墙壁处产生漏水所设的集水槽。

36 施工要点说明书与施工记录的问题

有的现场对防水专业工程公司所编制的一般性的施工要点说明书不经任何校核就盖章发出承认申请。在该施工公司的质量保证中即使注明防止漏水是第一要点,但对工程现场的施工人员的教育因人手不足跟不上也许是实情。防水工程的施工要点说明书是对该建筑物应特别注意之处重点进行表述,表达了为不发生施工质量事故如何进行管理的意愿。以此为基础明确记载了管理人员、建设公司及工程专业公司按相互约束方式进行施工,还清楚地注明在谁负责下对预先决定的工程的各阶段进行检查。为此应采取使含实际施工人员在内的相关全体人员能在短时间内达成共识的形式。是否按施工要点说明书进行了施工,或是否有变更的记录是很重要的文件。

1.掌握将来可能发生的漏水事故
防止漏水并不是防水专业工程公司一家能够主宰的。易漏水的温度缝、混凝土主体的抬升部位、窗框与滴水沟连接部位等极为复杂地交织在一起。所以首先必须在现场有一个基本的框架。而作为参考资料的是掌握同类建筑物过去的漏水事故。根据这些情况预测今后所施工的建筑物的漏水事故的危险性。此时重要的是当危害发生时要估计到将产生多大的损害。

1 的问题
在建设现场成本的控制是很严格的,除技术力量之外必须有驾驭成本管理的能力。为此在建设行业中由于专业的细化,有时技术性工作完全委托专业部门或外单位分管。这样很难进行统一管理以预防漏水事故的发生。

2.对策的制定
按在 1 中所设想的损害程度的大小的顺序制定在各作业范围内的漏水对策的方针,为此必须决定由谁去具体执行。还必须召集相关的专业施工公司相互确认互相的职责与作用。其中为了避免存在施工性能差的部位也必须站在各自的立场上相互进行确认。

2 的问题
在此处易于产生失败的是现场负责人疏于对经验不足的防水工程责任人进行指导及完全没有采取措施。当然最后都由责任人负责。本来防止漏水事故的基本内容应在设计阶段就确定下来,但没有讲清楚。另外,专业施工公司的决定推迟了一些,没有充分进行阶段性调整也是其失败的原因之一。

3.实施
在实施过程中,作业人员必须确认是否理解了施工要点。之后确认施工状况并检查。一定要拍摄记录照片,它是施工正确进行的证据。将这一系列照片汇总起来作为施工记录存档。之后当出现问题时以这些照片为依据以做出正确的判断。将来出现问题时它是确定漏水原因的非常有用的资料。

3 的问题
在进入现场的前一天才开始决定作业人员,连消化施工要领书及看图纸的时间都没有。专业工程公司也没有进行必要的指导,有时候也没有建立必要的检查体制就匆匆忙忙地进入作业程序了。设计管理也将卷入进去。

4.掌握发生漏水事故的原因
当随着时间的推移年长日久发生漏水时,首先应在掌握了漏水原因之后再进入下一道程序。此时最为有用的是施工记录。

4 的问题
保修期已过应重新改造,有时候在很多情况下就这样轻易地下了结论。应该调查易漏水部分在哪里,以前的工程中有没有值得反思的地方,并应在其后找出对策再进行施工。

37 木结构住宅的漏水案例

新建不久的住宅发生了漏水事故。下雨后在一层起居室的顶棚上积水并滴落到家具上。对于这样的漏水为了查找原因花费了很多时间。有一个作业程序弄错了没改正就那么施工是其漏水原因。很多情况下住宅施工公司多层发包,完全委托分包去做。

1 一层的顶棚漏水了,拆下吊顶一看是从二层的阳台的侧墙漏的水。

2 凿开二层阳台出入口门框下部的墙可看到内部漏水部位。

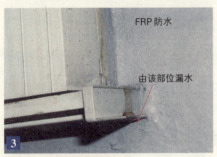

3 由墙面与门框的接合部位漏水。

4 揭开FRP防水层找出了漏水原因,因为是安装完门框后做的防水,胶合板与门框之间的密封材料断裂了。

5 由下面仰视窗框。

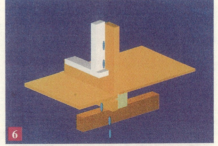

6 做完FRP防水后再安装门框,就能够处理流至门框之处的水。

38 外部密封的施工不良案例

在利用外部无脚手架工法施工的外墙密封工程中多半都是利用吊篮施工的。在高层的无墙面吊篮滑轨的建筑物中易于受风速的影响，在不稳定的状况中实施密封作业。另外加之难于检查施工状况，不易发现施工不良之处。为了确认施工人员的技术水平必须尽早地检查并确认。

1 经用手指按压密封部位就可以确认母材及工厂预制密封件的粘结力。箭头处的密封剥离了。

2 经查看发现本来应位于底面的胶隔离件移位了贴到粘结面上了。

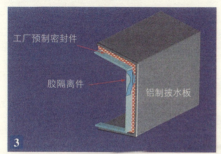

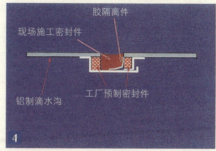

如上图所示，胶隔离件挤至工厂预制密封件之处是粘接不良的原因。如果不能高质量地预制工厂密封件那么就难于将胶隔离件贴到正确位置上。工厂预制密封件的质量管理是很重要的。

39 超高层大厦的密封战略

在外装修工程中都有一定的密封工程量。如果不计划何时开始进行施工，那么在工程接近尾声时就会出乱子。如果止水工程没完就不能着手内装修工程，应含装修工程在内进行综合判断。应通过采用标准件等来减少外部施工的密封工程量。

如在原装吊篮完成之后再施工全部的外墙密封工程，有时不能满足工期要求。

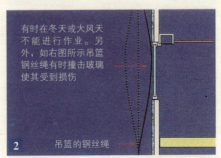

当编制综合工程计划时，要在吊篮作业便于施工的季节进行施工。

这是在中间层设置临时的吊篮轨道进行密封的工程实例。如在钢丝绳的长度较短的状态下进行施工可提高工作效率。

与塔吊的计划一样要以战略眼光来编制为进行密封工程所设的临时吊篮计划。

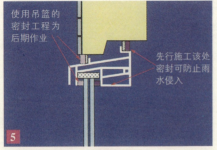

有时在台风季节等由于雨水侵入而不能进行内部作业。如上图所示如果预先进行内部节点的密封就能防止雨水侵入。

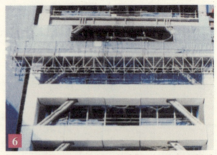

为了提高室外作业的施工效率可以不采用易摇动的吊篮而使用如上所示的可垂直移动的脚手架。

[2] 金属结构

40 铁的锈蚀 (1)

　　钢结构中的焊接节点及阳角部位无论如何也难于涂上防锈漆，如果维修保养一旦跟不上就将产生如下图所示的严重情况。图5所示的设备也一样。因此，必须想方设法控制维护保养方面的费用。考虑到将来的维修保养虽然建设成本较高，但是，从综合造价考虑使用不锈钢及铝制品还是比较便宜的。

1 可以发现在钢结构楼梯的踏步表面及焊接部位、阳角部位有很多锈蚀。

2 钢结构楼梯的锈蚀污染了外墙。这是难于进行维修保养的处理方式。诸如此类的钢结构楼梯应进行镀锌处理。

3 如变成了这种状态，应除锈之后再刷防锈漆，但对细小扶手之类的清除锈蚀及涂装等相当费事。

4 烟囱爬梯的锈蚀情况。烟囱中煤气将加速钢铁部位的腐蚀。当在爬升过程中折断时将导致堕落灾难。

5 电线的接线盒底板锈蚀而掉落了。像这类薄钢板来自内部的锈蚀非常严重也难于修补。

6 按如上所述布设在檐口之下，寿命将大为延长。

41 铁的锈蚀 (2)

如下所示的失败是在竣工后经过一定时间逐渐发生的，因此是难于反馈的案例。图1是在裙墙上粘附着披水板的铁锈。如果采用如图2所示的构造就无需花成本也可防止生锈。图3是随处可见的失败案例，但只要采取点措施就可以预防。

1 安装在工厂的石棉水泥板墙下部的披水板生锈污染了裙墙。

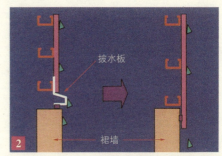

2 如左上图所示安装的披水板是发生锈蚀的原因。如上图所示不设披水板使雨水直接流下去是合理的。

3 悬挑标志牌的锚杆部位的铁锈污染了外墙。

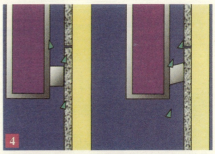

4 没有对防止雨水沿不锈钢罩进入内部进行处理。如图4所示将托座稍向前方倾斜设置截住雨水，就能很能好地进行止水处理。

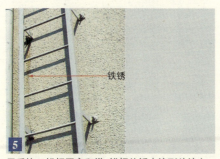

5 用后施工锚杆固定爬梯，锚杆的锈水流到外墙上。

6 将锚栓打入混凝土中，眼前一侧留稍许坡度，就可形成隔断锈水的披水板，可保持外墙干净。

42 金属结构的锈蚀与污染案例

对于易沾铁锈与污染的建筑物为了清扫将持续花费大量的金钱。因此，在计划阶段就必须设计成难于污染的建筑物。最好在决定节点之前要对污染状况进行设计评估。

1 在不锈钢板外墙的外挑底板内侧粘附铁件，形成"外来的锈"。

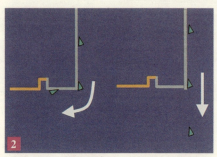

2 如图1所示，含锈的雨水流入外挑的底侧变成带锈的物质。如采用右图所示的构造是比较有效的。

3 在贴瓷砖的外墙下部安装了不锈钢的挡板，但其上附着了铁质成分而生锈了。要想方设法截住雨水。

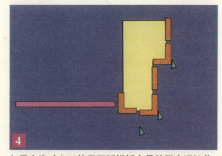

4 如果在瓷砖之下使用不锈钢板容易粘附水泥污物，但如采用上图的节点构造就可以保持清洁。

5 广告塔的钢架过于伸出外墙面，含铁锈与污物的雨水沿外墙流淌而污染了外墙。

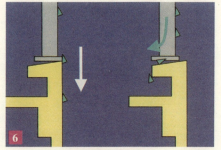

6 图5所示的钢架和外墙的位置关系，应像上图所示那样将钢架从外墙面向内缩进一些就可以减轻污染。

43 外部安装配件的污染案例

如果分析一下图1所示的污染是如何形成的，就能找出其对应方法。采取图5所示的防止污水措施的构造形式是很有效的。

1 虽然用不锈钢罩罩住了外墙广告牌的锚栓，但污物仍沿罩子一侧流淌。

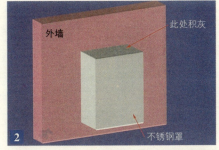

2 悬浮的灰尘积到不锈钢罩上，当下小雨时在此处就形成了含灰尘的高浓度污水。

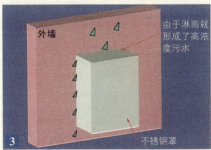

3 该污水沿不锈钢箱子的侧面流淌至外墙表面，因而污染了外墙。

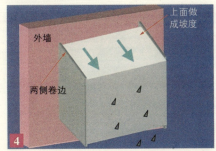

4 如将不锈钢箱子上盖做成坡度，两侧卷边，污染的水就会远离外墙而落到地面上。

5 这个是安装在外墙上的航空事故灯的底座。因已做成截断污水的斜坡，故没发现外墙上粘附污物。

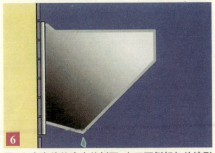

6 图5之底座处的滴水的剖面。上下两侧都与外墙形成一定坡度。

44 扶手根部的失败案例

一般都是在混凝土中预埋扶手的锚件，然后焊上扶手，但是如果节点处理不好，就会产生图1所示的现象。另外如果安装精度不好，则如图3所示重新修补很费事。最好像图6所示那样直接将扶手固定在混凝土中。

1 阳台的扶手。扶手上部虽没见到锈蚀，但根部已腐烂断开了。

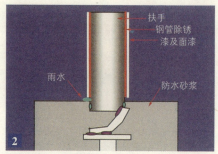

2 防水砂浆与扶手钢管的接触部位的防锈漆不好，雨水侵入到那里加速了锈蚀。

3 扶手的杆件使用铝制品，但因嵌入主体中太深，故用砂浆进行修补，在砂浆与扶手之间进行了密封处理。

4 这是嵌入主体工程中精度好且进行了有效管理的做法，密封也施工得很好。

5 为了杜绝图3所示的失败做法，有高精度地将这种不锈钢锚件打入混凝土中的方法，然后在其上安装扶手。

6 上图是将不锈钢的扶手根部埋入混凝土中的做法。这样为了设置扶手就不会错位。

45 扶手的失败案例 (1)

可以设计成各种各样的扶手,但有时没有分析可能发生什么样的问题就进行了施工。因为没有施工先例而止步就不能进步,此时最重要的是对于这种设计可能产生的最差结果进行分析并预先采取措施。

1 这是在扶手支柱上焊接圆钢,终因圆钢受拉及振动等使焊接部分脱落的照片。

2 不焊接在支柱上,而是在支柱上开洞穿上圆钢,如果不这样做就不能确保强度。

3 让扶手立柱中央向外鼓出,为了好看减少了贴角焊部分的焊缝,当在向外鼓出处加力时由于受扭使扶手柱脱落。

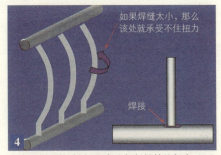

4 当为这样的构造时,要充分加长焊缝的长度,还必须对外鼓处进行补强加固处理。

5 在台风时强大的风力作用下扶手连根一同被拔下来了,这是轻视自然力的失败案例。

6 这是前面所介绍的将扶手根部埋入女儿墙的照片。必须制定防止因爬栏杆产生坠落事故的措施,同时也应能抵抗风力的作用。

46 扶手的失败案例 (2)

在图1所示的公寓中曾发生过3岁的孩子钻进阳台下部18cm的空隙中而坠楼的事故。同样的事故还曾再度发生过。孩子有时采取意想不到的行动。我们从事建筑的工作者必须认真地考虑防止再度发生的措施。

孩子从如图1所示的18cm的空隙中钻出坠落。

当为公寓时，小孩子有时在阳台上玩耍，所以必须注意该空隙的大小。也要注意防止从该空隙中掉落东西。

采用如上所示基础形式的扶手其空隙往往偏大，所以以其当作孩子们的游戏场所时必须引起注意。

有时即使满足了扶手的高度标准，但如有上图所示的脚可以够到的地方也是危险的。

不特定多数的人通行的楼梯因没做防止坠落物的设计，所以后来增加了踢脚板。

有的扶手与墙壁之间的空隙太小很难握住。要站在自己使用的立场来决定其尺寸。

47　避难爬梯布置的失败案例 (1)

　　图1是从室内侧拍摄的阳台照片，作为用于火灾时使用的避难爬梯有问题。必须考虑实际避难时的状况进行设计。该种设备有很多相关的注意事项，下面就简单扼要地介绍一下。

1　因在通向阳台的出入口前设避难爬梯，故每当出入时都将踩在爬梯的顶盖上。盖子不仅容易受到损害，避难时也有问题。

2　因为避难爬梯的顶盖是往室内侧掀开，后来避难的人就无法跨越这个顶盖。如果考虑上层人进行避难的状况就会影响剩下的人的避难速度。

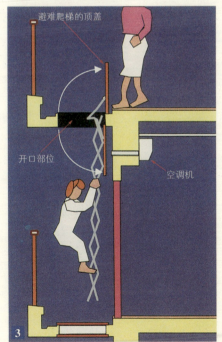

3　当避难爬梯被打开后开始避难时爬梯的盖子对屋中剩下的人就形成障碍，在梯盖后面因为是洞口，在迈过去之后有掉下去的危险。

4　可错开各层的位置设置避难爬梯，当为这样窄小的阳台时，在作计划时必须预先就考虑到与出入口之间的关系。

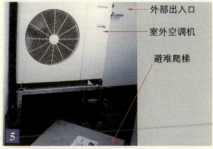

5　后设置的室外空调机成为障碍，不能确保避难时的通路。另外当遇有地震时，室外空调机有可能倒下来。

48 避难爬梯布置的失败案例 (2)

　　避难爬梯作为避难设施设置后必须进行检查，由于容易被指出问题，所以事先必须进行充分的调整及协商。如果事先绘制出如图5所示的效果图就能掌握全局防止产生错误。

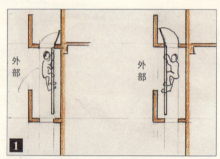

1 根据所在地消防署的指导，避难爬梯的安装方向有时朝左，有时朝右是不同的。

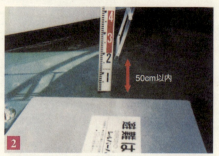

2 避难爬梯的下部距阳台地面的距离应在50cm之内。上图是在检查时被指出问题进行修改后的距离。

3 当将室外空调机作为项外工程时，必须注意不要在避难爬梯之下安装室外空调机。

4 如果将空调机的排水管连到阳台的排水管上以排出结露水的话，就能保持阳台清洁干净。

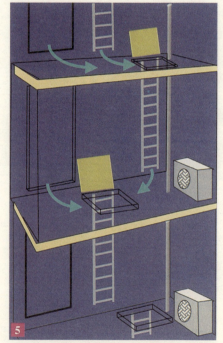

5 必须综合考虑如上图所示的阳台出入口、避难爬梯、空调室外机及阳台排水管之间的布置关系来作计划。

49 爬梯安装调整不足产生的失败案例

　　爬梯的布置有时与其他工种的设备呈交错进行状态。整体调整看似可能其实是很困难的。建筑与设备分工过于细化是导致这种事故的原因之一。在防止这种失败的过程中工程负责人的强有力的统率力是必不可缺的。

1　爬梯的内侧因有配管，故当上爬梯时将踩踏配管。这是对爬梯与配管间的位置关系研究不充分所致。

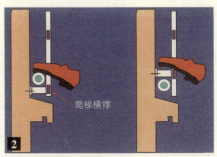

2　脚踏配管会给其造成损伤，下爬梯时可能滑倒，必须像右图所示这样设置。

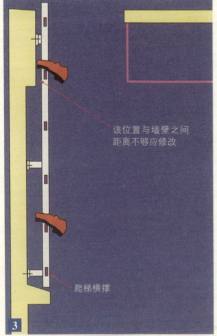

3　在避难爬梯的横梁的部位因距墙壁之间距离不足，在检查时被指出后重新修改的实例。

4　因为交错布置了屋面检查用的爬梯（建筑工程）及高架水箱检查用爬梯（设备工程），在上屋面途中可能碰到水箱用爬梯的横撑而坠落下来。

50 伸缩缝的失败案例

如果不认真施工伸缩缝，则后来就将出现图1所示的问题。如果这样修补就困难了。应力求在计划阶段就充分进行考察。

① 在立体人行道的伸缩缝处作用以很大的外力，端部的瓷砖产生了剥离。

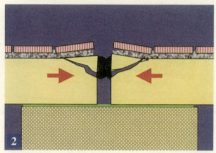

② 由于温度产生的膨胀力等作用在混凝土端部薄弱的伸缩缝处而开裂上拱。

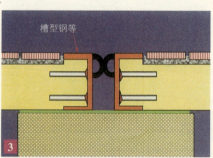

③ 如利用壁厚较厚的钢材等保护住端部的薄弱部位，则就可以防止产生如图1所示的失败。

④ 因在伸缩缝部位作用着外力，故即使用砂浆修补也会产生如上所示的裂缝。

⑤ 在楼道上方的伸缩缝处抹砂浆，抹砂浆处因有位移而产生破坏。

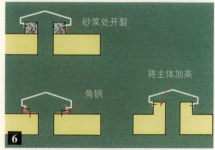

⑥ 这种状况只有利用角钢固定在结构上进行密封处理。最好预先将结构体加高。

51 鸽子粪飞落所产生的危害案例

　　商业设施的建筑物开始营业以后有时鸽子粪落在客人的头上带来了很大麻烦。另外，出了问题之后采取了很多措施花费了不少金钱。必须注意在设计阶段就应做出不让鸽子轻易停留的设计。

1　这是将正面出入口上方的墙降低的设计，正好成了鸽子落脚的场所。施工中设置了防鸽钢丝网。

2　钢结构梁的下翼缘上及照明器具之上成了鸽子的休息场所，所以安装了防鸽的铁件。

3　在车站大厅中安装在屋面钢构件上的防鸽铁件。鸽害成了大问题。

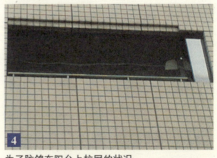

4　为了防鸽在阳台上拉网的状况。

5　在垃圾场中为了防乌鸦而在上部拉网，流出了锈水很难看。

6　扶手管子的粗细刚好适于鸽子落脚。钢丝等细的似乎又不太合适。

52 坡道排水沟的失败案例

在地下停车场处的坡道中为了不让雨水流到内部必须设排水沟，如图1所示排水沟一堵地下就泡水了。现列举其原因及对策。

1 排水沟中水溢出来了，没有发挥排水功能。格栅内部的排水网被垃圾堵住了。

2 该排水网被落叶堵住不能排水。

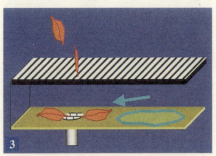

3 穿过格栅的落叶及垃圾等与水流一道流到排水网眼处而堵住网眼，便无法排水。

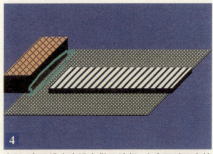

4 在图2中因排水沟没有做至墙根，当大雨时雨水就如上图所示在墙壁与排水沟之间流淌而侵入内部。

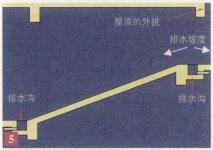

5 考虑到后来的维修保养，按上图所示在坡道的上下均设排水沟，屋顶由上部排水沟处挑出。

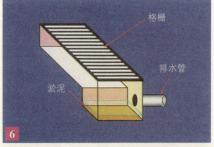

6 按上图所示做一个清泥池，为了便于检查清扫设计成易于卸掉格栅上盖的形式。

53 外部排水沟的失败案例

建筑物的维修保养很难持续,特别是当维修困难时。在计划时应力求考虑到其难度来进行设计。

1 落叶聚集到排水沟周围。在落叶很多难于维修保养的场所最好不要设这类的排水沟。

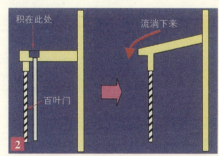

2 图1为图2左侧的节点。如能像右侧所示这样进行计划,那么理应可以大幅度削减维修保养的费用。应力求站在清扫人的立场去编制计划。

3 堆积在屋面排水管周围的土中开始长出植物。难于检查的屋顶部分就易于变成这样。

4 即使没有植物,鸟毛有时也会流进排水管中。

5 在排水沟中积土上格栅之下长有植物。在计划上必须考虑便于清扫的问题。

6 屋面排水沟的端部开裂了。此处也应留缝。作为边界如使用预制的侧石则外形既漂亮又不易开裂。

54 内部排水沟的失败案例

厨房等的排水沟由于作业很多易于产生失败。如果厨房的布局还没决定那么排水沟的位置就定不下来，施工之前仓促决定也是失败的原因。另外，如图6所示承租大楼在营业开始后在下层厨房的吊顶内安装除油池，就带来了营业补偿问题是相当费事和要花一定成本的。如果在上层想到了厨房问题，那么就应该预先施工除油池及排水管。

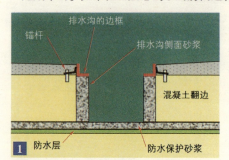

1 防水→保护砂浆→混凝土翻边→安装排水沟边框→侧面及楼板面抹面砂浆→排水沟内砂浆找坡等作业量很多。另外侧面的砂浆易于开裂。

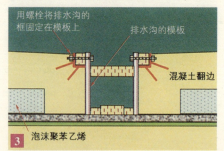

2 支排水沟的模板，浇筑翻边混凝土，之后焊接安装排水沟边框。

3 以这种形式浇筑混凝土之后，卸下固定排水沟框的螺栓，拆下模板，排水沟就形成了，达到了省力及提高质量的目的。

4 如果不预先考虑通向排水沟的排水管的高度与排水沟内的排水坡度的砂浆高度，那么就会像上图所示那样积水，有时很不卫生。

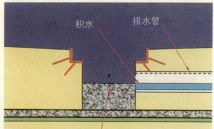

5 在厨房的排水沟盖上不便于步行，因此要很好地考虑人流线。为了防止如图4所示的失败，要考虑排水沟的整体长度。

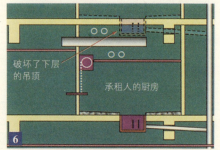

6 在出租大楼中如果使用后想设置厨房，增设除油池及安装配管工程将对下层产生很大影响且难于施工。因此应预先布设配管等。

55 后施工锚杆的失败案例

后施工锚杆因其便捷方便,故很多场合都使用,但是不应该用在受到振动的部位。另外只有将其牢固地固定在主体上才能确保其强度,故要慎重确认。

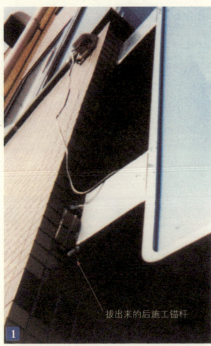

广告牌的后施工锚杆在风压力作用下与瓷砖一起被拔出。

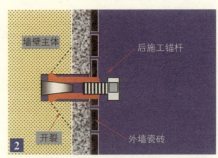

如上图所示,因使用了比较短的锚杆,几乎没打入瓷砖基层后的墙壁结构中。

打入阳台的后施工锚杆,混凝土墙开裂。照片所示为用环氧树脂修补的裂缝。

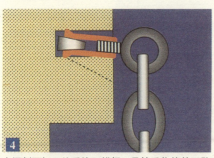

在梁侧面打入的后施工锚杆,悬挂重物使其下坠拔脱,有时将导致重大事故。

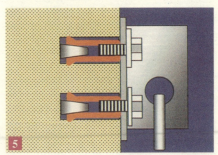

特别是在振动的场合下,应该像上图所示那样做一个基座来承受荷载。锚杆也应该使用化学注浆式锚杆。

56 外部广告牌的飞落事故案例

有时广告塔的板面被大风刮掉。很多情况下广告塔都为难于检查其锈蚀情况的结构。今后当设计广告塔时应通过在内部设检查用步廊等，使其成为易于检查的结构。

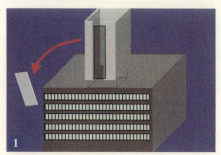

1 广告塔的板面在台风时被大风刮掉。

2 将广告牌板面按如上所示用自攻螺栓固定于C型槽钢的侧板上。

3 C型槽钢因壁厚较薄且生锈腐蚀，承受不住风压力的作用而被刮掉。防腐涂料在施工自攻螺栓阶段就已产生剥落了。

4 如果在基底使用角钢类的厚壁杆件与C型槽钢相比则可靠得多。

5 难于检查的广告塔的内部状况。除检查板面等情况之外，变压器的维修保养也必须利用通道，但是很多地方都没有这么设置。

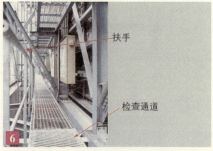

6 如果像这样预先设置好通道，既易于检查，也可以确认板面的自攻螺栓等情况。

57 外墙板工程的失败案例

外墙板施工质量不好很容易被人们看到,故必须认真检查确认。有时待完全拆除脚手架之后需要再度修正,因此,在施工过程中应预先确认这种需修改的危险部位。

1 外墙的自然着色板的色斑太大。当工厂检查时没有碰到自然光检查,没能发现此类的色斑。

2 顶棚的拱肩板很难装修。如果近处看即便是合格的,但是当拆除脚手架之后一看有时就大吃一惊。

3 前门挑檐横铺板的厚度较薄,且基层也没补强加固,所以,挠度很大,外表很难看。

4 即使为了修补色斑,再度喷补也难于改善,其原因是角度不同。控制光泽的涂装不易于出现此种倾向。

5 此类的板也必须注意水平度及密封施工的精度。

58 内墙板工程的失败案例

在大型工程中有时现场负责人与具体施工人员没有沟通各自的想法，对没有看完图纸就进行施工习惯的现场来说将产生如图1所示的事故。另外，为了不出现图3所示的错误，必须预先就认真研究节点的构造。

这是一张比顶棚先行安装墙板的装修图纸，但是由于先安装了吊顶，只能进行返工。

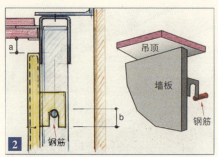

b的尺寸比a大，所以，吊顶就碍事了，墙板的挂钩无法挂到基底的钢棒上。

在安装柱子周围的墙板时，因碰到了空调机的冷凝水排水管在板上开了豁口。之所以影响现场施工进展的原因是对细部节点考虑不周。

采用此类设计的墙面板易于沾灰尘，清扫就特别费事。

墙板中装设的开关盒，加工的痕迹已映出表面。

风机盘管盖前的封板如果提前安装，在调机过程中可能会被卸下来容易产生损伤。在此种状况下最后安装问题就比较少。

59 OA 地面连接部位的失败案例

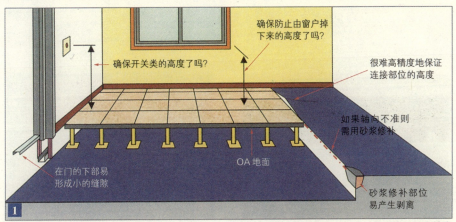

现用透视图给出当施工 OA 地面时易产生问题的部位。当 OA 地面其连接部位的混凝土的高度及轴向精度不准时矫正既费时间又费成本，经修补的部位将来也易开裂，所以，在主体工程阶段就必须认真对待。

门框连接部位易形成如上所示情况，应该预先考虑应怎样收头。

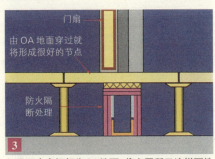

如果两个房间都为 OA 地面，像上图所示这样两地面连通的做法就可以形成理想的节点。当有防火区段时在下部设防火墙。

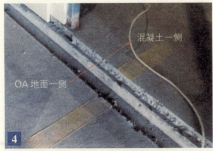

当 OA 地面与其端部的混凝土精度不足时，修补很费成本。

如果像上述这样在浇筑混凝土之前在 OA 地面与混凝土的连接部分安设一个端部角钢，则就可以确保精度。

60 其他的金属结构工程的失败案例

有时稍不注意就会形成不便使用的做法。当如图1所示时也有时使人受伤，故必须十分注意。另外，图5和图6是没有考虑到材料变色的失败案例。

因为金属网板的通道端部伸出角钢框之外，故在此处将卡住使人受伤。

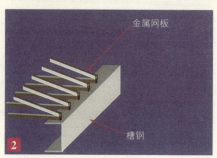

应该像上图所示进行加工制作。

沥青堵塞了检修孔的螺栓孔，很难拧动。

在铝制压顶的左侧没有水流，形成积尘。

这是在墙板工程中尽量不采用密封处理的节点，因为形成了不能够弯曲的部位，所以在使用了如照片所示充填材料之处随着时间的推移出现了变色问题。

[3] 钢结构楼梯

61 钢结构楼梯托梁用支座的失败案例

图 1 是将承受外部钢结构楼梯的梁固定在混凝土结构中的锚固状况，它犯了两大错误。这是没有校核钢结构的制作图就直接进行安装的案例。

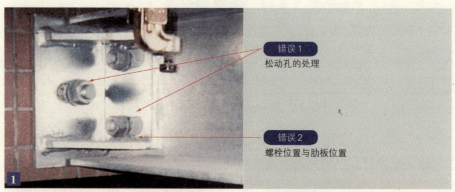

错误 1 松动孔的处理

错误 2 螺栓位置与肋板位置

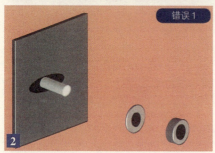

错误 1：对较大的孔未进行处理，当作用比较大的拔力时，因螺帽承压面积不够，可能造成拔脱。

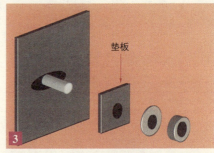

如图 3 所示，必须设置可罩住松动孔的垫板。正确的施工方法是利用贴角焊将垫板固定于底座上。

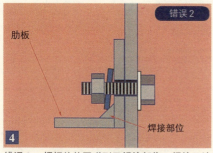

错误 2：螺帽的垫圈碰到了焊接部位，螺栓无法拧紧。当作用剪力时，螺栓可能被剪断。

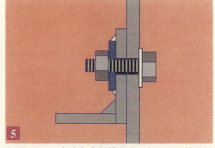

如图 5 所示，应该考虑焊接部位，在可设置盖住松动孔的垫板的基础上决定螺栓的位置。

62 钢结构楼梯与墙壁连接部位的失败案例

如图1所示，多数情况下的钢结构楼梯都兼用临时设施先行安装并固定在混凝土主体结构上。然而，如果不考虑与墙壁之间的连接情况就一味地施工，就将产生如下所示的失败。

1 公寓工程现场正在施工中。先行安装外部钢结构楼梯。

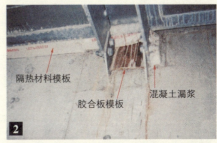

2 将已固定了压条的节点板打入墙壁中，压条间的模板嵌入混凝土中难于拆掉。墙与楼梯间以隔热材料作为模板，也犯同样错误。

3 在钢结构楼梯与墙壁之间形成了模板用的空隙。该处理很麻烦。另外，钢结构楼梯在浇筑混凝土之前如果还有段时间，垃圾将进入钢筋网中，清扫起来很费事。

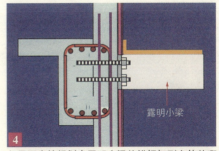

4 如果预先就规划出露明小梁的锚杆打到主体的哪一个位置上，那么后来就不会出现麻烦。另外，在浇筑该层的混凝土时，如果一同浇筑楼梯楼板的混凝土，那么作业就很方便。

5 为了将钢结构楼梯楼板部分与墙壁之间结合部位做成合格的节点，必须预先就提出一个合理的计划。

钢结构楼梯的临时扶手有时碍事，需要随时拆除，但事故也就在那时发生。为了使临时设施的构件不与主体工程发生矛盾，预先作出计划是非常重要的。当为这类楼梯时，如果能将正式设施的扶手与钢结构楼梯同时先行安装，那么就可以将事故防患于未然。强调"现在没时间，现只安装楼梯，扶手之后再考虑吧"，抱着这种态度指导施工就会造成计划流产而延误施工，如果将与一件工作相关联的事情集中起来作计划来决定全局，那么，就可以大幅度地提高工作效率。

63 在钢结构楼梯施工中易产生失败的部位

有时因在计划阶段考虑不周，导致后来的清理工作及校正很麻烦。另外，类似于图5所示的失败案例即使是很有经验的技术人员也容易发生。当为这类节点时，在门的横向设一道小墙，与门开闭器的节点等反倒能形成一个漂亮的节点。

在浇筑镀锌饰面钢结构楼梯休息平台的混凝土时，有时水泥浆污染了饰面，后来清理很麻烦。如果预先就搞出一个防止浆液流失的措施，那么就可以省略了很多徒劳无益的麻烦。

将钢结构楼梯的排水孔布设在楼梯的中央，所以，下雨天滴水通行很不方便。作为对策设一个如上面照片所示的雨水槽将排水孔布置在外侧就可避开这类麻烦。

虽然想将梯梁与楼梯出入口门框的位置对齐，但还是形成了10 mm左右的施工误差。如果在面前止住，用其他的踢脚板可进行很好的收头处理。

这是一个较好的例子。是在楼梯转角处设置的雨水排水管用开口，为防止人掉下去，预先在工厂于开口处焊上钢丝网。

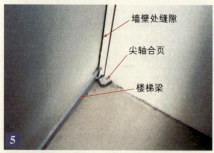

钢结构门的尖轴合页与钢结构楼梯的侧踢脚板相碰，在墙壁与门框之间出现了空隙。

如照片所示尖轴合页突了出来，因此，当在该方向安装梯梁时，梯梁板与突出门框的门轴铁件相碰。

64 钢结构楼梯休息平台的踏步斜梁位置与设备线路

在钢结构楼梯中必须设置承受休息平台的钢结构托梁,如果不深入考虑该节点措施,那么就有可能减少起居室面积。应该在计划阶段就力争加大居室的面积。与图2相比,如果像图3这样处理,就可以扩大使用起居室面积。另外,在钢结构加工制作图阶段就应该预先留出楼梯的火警检测器、照明及喷淋设备的线路。

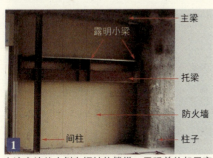

1 在该座墙的内侧有钢结构楼梯,于眼前的起居室一侧的柱子与间柱之间架设托梁,在此处搭设楼梯休息平台的露明小梁。

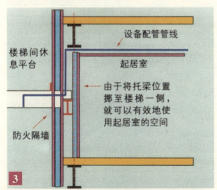

2

3

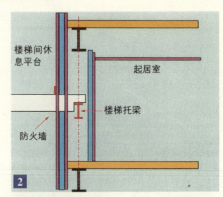

4 喷淋设备配管管线非常难于施工,因此,应尽早地进行充分的研究。另外如图3所示,当在管线底板处贴顶棚时露明小梁的节点就显得很重要。

5 烟感器由休息平台挑出来。当考虑楼梯钢结构的节点时,要预先好好地布设这类配管的线路。

6 将必要的配线打入混凝土中就可以减少难于搭设脚手架的楼梯间的作业量。

65 钢结构楼梯的踏步与扶手的位置

楼梯休息平台由于上下踏步的位置关系不同,扶手及露明小梁的形状将有所改变。由于层高的关系处理不好,有时出现像图1所示的情况,因此应考虑清楚之后再作出决定。当避难时由上层连续往下跑时会像图6所示只在休息平台处局部有踏步时被拌倒。

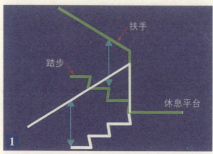

当上行的踏步与下行的踏步的位置在平面上相同时,来决定距踏步的扶手的高度,在休息平台处扶手将产生垂直错位。

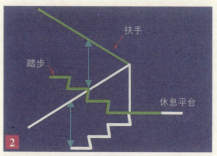

将上行的踏步的开始位置错开一段。上下的扶手就在同一位置交叉,节点就很漂亮。

图1所示类型的楼梯

图2所示类型的楼梯

图1所示类型的楼梯

这是因层高较高,只能在休息平台处设踏步的做法,并不常用,在混乱状态时易于发生跌跤事故。

66 防止钢结构楼梯的坠落及与墙壁的连接

楼梯中虽有多种的设计，但必须注意的是坠落物。即使是小件东西如从高处掉下来也将变成大事故。特别是公共场所更应引起注意。在图4～图6中将谈及楼梯与墙壁连接方法。

1 无踏步竖板的楼梯。虽有一种明亮开放感，但难于避开来自下方的视线，所以，要避免事后产生抱怨。另外，在计划时应注意强度不足问题。

2 与踏步踢脚呈一体的钢结构楼梯踏步板将承受来自上部的荷载，当不是这样时，必须确保该处有足够的强度。

3 特别是螺旋楼梯必须注意坠落事故。

4 如图4所示，因在墙壁与楼梯的露明小梁之间出现空隙，故应进行密封处理，或者盖住墙板。

5 为了提高墙壁精度，由露明小梁处外挑板，在确保与梯梁间距的基础上，插入墙壁龙骨，可取得满意的效果。

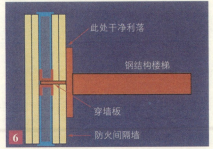

6 如果这样，考虑板厚，并穿过所定位置，则两平面之间的处理就比较合适了。

77

67 钢结构楼梯的安装注意事项

在改造工程等项目中，于大厅共用空间安装钢结构楼梯的作业相当危险。如图2所示不使楼梯倾斜就不能进行安装。在这种状态下万一钢丝绳脱落，那么位于其下的作业人员很难逃离现场，有可能产生大事故。

将钢结构楼梯安装在开口处

① 由上往下将钢结构楼梯安装在楼梯间的状况。

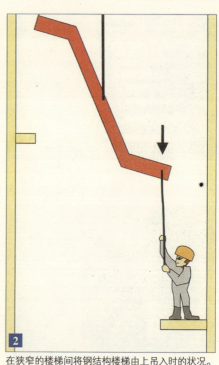

② 在狭窄的楼梯间将钢结构楼梯由上吊入时的状况。作业人员不要进入吊物之下的原则经常不被遵守。

③ 这是一个极为狭窄的作业面，为了不进入楼梯安装位置之下，应在开洞之外指挥作业。

④ 如果预先将吊位稍许向上错开一点，当为吊着的状态时，作业人员不进入其下也可以。

[4] ALC 及 PC

68 ALC板的漏水

外部ALC板只要产生裂缝,再加上冻害或生锈,就会出现如图1所示的难看的状态。必须遵守以吸收变形的方法所决定的标准。另外在此对于图3以后的与钢结构楼梯连接处的ALC板的漏水部位说明一下其状况及原因。

因其已形成复杂的ALC的节点,故不能承受位移,表面出现缺陷,加之内部钢筋锈蚀而产生膨胀使其开裂。

与图1相比转角处要简单得多。

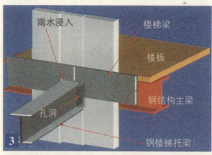
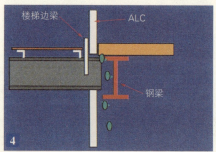

这是一个由外部钢楼梯的托梁与ALC的连接部位产生漏水事故的案例。因为在安装了钢楼梯之后贴ALC板,故钢结构楼梯的边梁比较碍事,就不能够从外部实施ALC的密封作业。另外在内侧由于有钢结构主梁通过,无法进门施工。

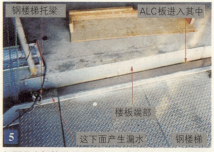
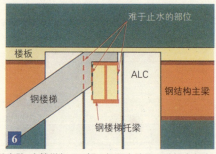

问题是在钢楼梯的边梁与ALC板之间没有进行密封处理的空隙,在楼梯与ALC板之间留空隙是一种解决办法。另外在钢楼梯的托梁的空隙处不易进行ALC板的施工,故应事先采用既能止水又能用耐火材料进行封堵。

69 ALC 连接部位的失败案例

当在外墙中采用 ALC 板时，ALC 板必须能够吸收层间位移，故很难完全固定住。如图 1 所示的门扇布设在 ALC 板的外墙的正上方时，在板与楼板之间形成空隙，有时此处难于处理。图 5 所示为在 ALC 墙与复合耐火板之间形成了空隙的案例。

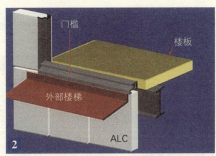

1 在 ALC 板的正上方设有门槛，于混凝土楼板之间将形成空隙，即使填上砂浆也马上就会掉下。

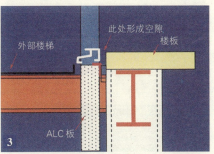
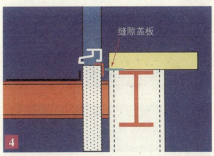

3 外墙 ALC 板与楼板之间的缝隙比较大，故难于处理。

4 如果如上图所示在钢结构梁上预先设一块缝隙盖板，就能完全封住。但是，不能约束 ALC 板的移动。

5 钢结构的防火采用与外墙 ALC 板之间复合耐火材料处理，但是在其与 ALC 板之间出现了缝隙。

6 在井筒中 ALC 板的耐火材料剥落的案例。此处必须采用可变形的柔性耐火材料。

70 上层的振动传至下一层的案例

已竣工的公寓出现了问题。上层的窗框开关的声音传至下一层很大程度上影响了下一层的生活。经调查得知原因出在设在上下层之间的ALC板上。

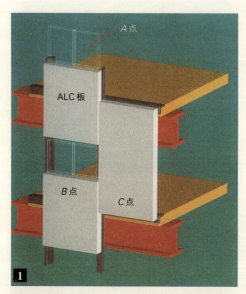

在图1中A点的窗户开关声音传至下一层的室内，使其受到影响。经使用听诊器调查A点的窗框的开关声音的传播情况得知B点响声最大。在楼层间固定的ALC板的C点处不响。如图2所示其原因是在上下楼板的端部分别将用于ALC板竖向加强用的角钢固定，被固定的角钢如同张紧的琴弦，使窗框的开关声音增幅。

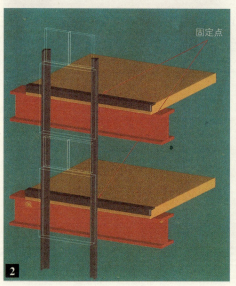

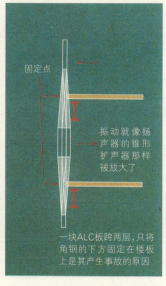

一块ALC板跨两层，只将角钢的下方固定在楼板上是其产生事故的原因

71 上部PC紧固件的管理计划不充分的案例

为了使在很大的地震力作用下PC板不产生破坏,紧固件就成了在主体与PC板之间吸收位移的部件。如图1所示在一座建筑物中混合使用滑移与转动的两种形式,采用一种形状的板通过改变其方向加以利用,但是,施工后很难进行检查。因此,必须预先就制定可以看见的可确认施工状况的计划。

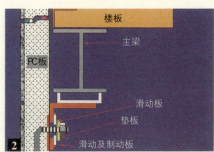

图1的构造中有两个问题。其一是滑动及转动板是否安装在正确方向上看不见。其二是难于确认是否设置滑动板了。当然不可能自始至终都可确认是否正确地施工,但是,有时因为是"专业人员干的活就可信任"的环境下而忽视管理的现象也是存在的。在众多的施工中如果一处搞错,有时将产生重大事故。为了防止出现这种现象,必须有"进行管理的战略技术"。

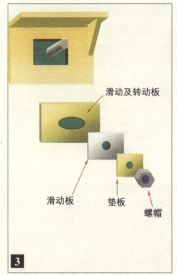

作为图1的对策是在滑移及转动板的方向按如图4所示画一条红线,以确认是否正确的施工。稍许改变滑动板的角度以确认其是否存在。

另外一个重要的事情就是确保PC板的精度。虽然特意设一块滑动板形成了滑移及转动的构造,但是为了调整PC板的精度要在PC板的螺栓上施加很大的扭矩,这样地震时的位移将被约束住,由此可见对扭矩管理的重要性。

之后在紧固件的施工中在绘制如左上图这类指示作业图之前要确认此前所提供的图纸。有时迫于现场工作比较忙没能够详细确认图纸。所有的作业均委托外包,就失去了构筑这类计划的机会,这样就很难阻止同类施工事故的发生。

72 下部PC紧固件的计划不充分的案例

为了将PC紧固件固定在钢梁上，有时如图1和图2所示在楼板上留个洞。因其是在沟中作业，故有时雨水流入，作业性很差。PC板的安装多半都位于关键线路上，加上安装件数比较多，故应该对紧固件的形状进行认真选择。

进行紧固件位置的放线，将挡设混凝土的钢板安装在主梁上。因其数量多既费时间又费成本。

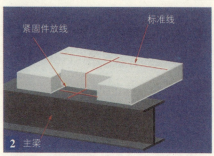

在楼板与钢结构之间因有高差，故要在钢结构之上画紧固件的墨线很费事。

在板用紧固件处流淌混凝土，易于积存垃圾。另外，还难于放线及焊接。

安装紧固件的状况。之后必须进行填平孔眼的作业。

为了穿螺栓，要预先在梁上设角钢，这是由楼板上上翻的类型。虽然解决了图3的问题，但难于放线。

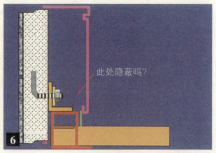

当作图5所示的计划时，在其前面必须分析研究不要妨碍设置风机盘管及配管等。

73 下部PC紧固件的计划

为了确保PC板的精度,应该制定任何人都能简单测量其位置的施工计划。当实际上自己进行该项作业时,有时能看见。但是,当自己也看不见时,实际上进行该项作业人员也比较难做。

1 如果如上述照片所示对准楼板表面与紧固件的高度预先组装钢梁,那么,就易于放线也易于决定其位置。

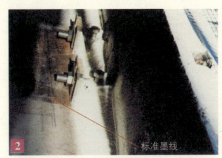

2 这是将由柱子挑出的PC托梁的上翼缘与楼板表面的高度齐平的图片。因是在钢结构上放线,故可以提高精度。

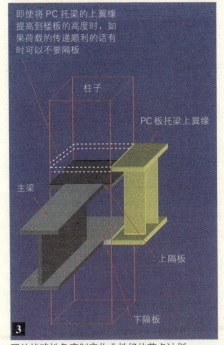

3 要从战略性角度制定作业性好的节点计划。

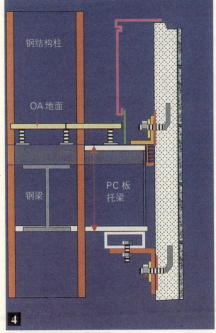

4 图2的PC板的安装详图

74 女儿墙的PC板托座的失败案例(1)

女儿墙部分的PC板的施工方法中存在很多问题。一般情况下PC板是由PC专业工程公司绘制施工图，但在多半情况下考虑不到防水的节点处理。当现场的负责人没有这方面能力时，最后将成为漫无计划的工程。

1 这是女儿墙PC板的紧固件部分，此处应如何作防水呢？

看了图1令人吃惊的是该部分的节点变成了图2中所示的形式，在紧固件安装完之后，用砂浆封上做翻边，然后准备用沥青进行防水处理。为什么采用这种危险的施工方式，也许是忘记了防水工程的基本原则，应该认识到地震或振动等造成沥青防水层的基底砂浆开裂时漏水的危险性将非常大。

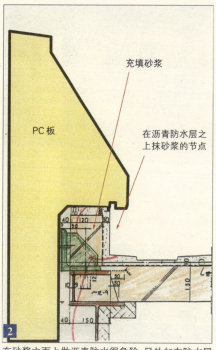

2 在砂浆立面上做沥青防水很危险。另外如在防水层之上涂砂浆，可能由端部会产生漏水。

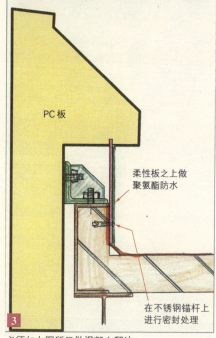

3 必须如上图所示做混凝土翻边。

75 女儿墙的 PC 板托座的失败案例 (2)

这也是 PC 板的最上部的紧固件节点案例。在将紧固件的孔封堵之后防水方法相同。

为了用紧固件将 PC 板的最上端固定住，从外侧可看到女儿墙上的嵌入部位。

这是与图1不同的现场，但相同的是都是在女儿墙主体立面处切开口。

这是在图2之T形钢上设紧固件的剖面图。

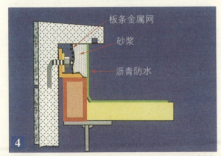

该部位的止水处理有问题。如上图所示安设板条金属网，在其上抹砂浆，然后在其上做防水。有与前页相同的问题。

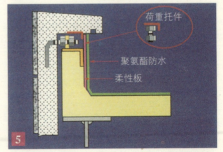

虽未经实际验证，但此种施工方法被认为安全性好。

76 PC板的失败案例

　　PC板工程的施工在工程中非常关键，如果一个失败将延误整个工期，必须慎重编制工程计划，应与相关各工种的人们充分协调。

这是PC的转角部分经修补的瓷砖剥落了。必须充分注意在运输时及装修时对转角的保护。

如PC板的加工制作精度不高，转角部分将非常难看。

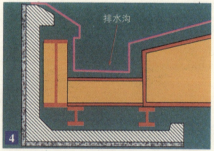

当安装完一张挑檐PC板之后，准备安装相邻的PC板时，钢结构下垂，虽可以调整PC板的标高，但很费事。因是排水沟部分，将钢结构构件减少而产生了问题。

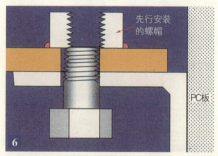

该部位手伸进去后从上面拧入螺栓，但当手伸不进去时有时就应预先在工厂里将螺帽固定在钢构件上。此时有时会产生如图6所示的失败现象。

如图6所示，如安装的螺帽错位，进行矫正相当费事。应该待拧紧螺杆与螺帽之后再进行点焊。

77 PC 阳台

　　图1及图3为半敞开式PC的阳台，图2、图4及图5为封闭式PC的阳台。由于PC化处理阳台的施工方法，它有可省略搭设建筑物外墙脚手架的长处。然而即使是PC阳台，也有时因装修及节点处理需搭设脚手架的，故必须以战略性眼光作计划。

这是半敞开式PC阳台，以提高品质及缩短工期为目标而制定的计划。但必须设置为安装所用的起重机。

对于屋顶部分等无脚手架无法施工的部位，应事先进行研究尽早进行与其相适应的临时设施的布置与安排。

将阳台楼板中的上层钢筋焊接并固定于楼板的上层钢筋上。另外还必须注意浇筑混凝土的灰浆一旦漏到阳台上清除作业相当费事。

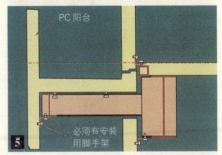

正在吊装整体PC阳台，在这种吊装状态下起重工不得站在其上。

如图5所示，为了对准标高及上下调整与安装固定用螺栓，下部必须设脚手架（移动式也可以）。

78 PC 次梁的安装

如采用 PC 次梁，当工期紧张及劳动力不足时还是很省力的。但必须设置 PC 次梁安装用起重设备，如果能周密地作好施工计划还是有很大的优势的。

正在将 PC 次梁安装到所定位置。因吊钩强度不够有时可能产生坠落事故，所以，必须确认吊钩强度。

梁上部箍筋已完成，所以梁钢筋必须从其中穿过。

这是为承受 PC 次梁的工作平台。为调整标高，应预先安装千斤顶。

梁主筋虽易于绑扎，但必须注意箍筋的锚固及保证楼板厚度。

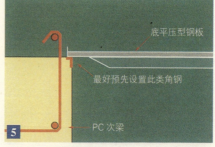

当将底平压型钢板铺在 PC 次梁上时，因没有固定底平压型钢板的设备，故必须打入角钢等部件。

[5] 建筑门窗

79 钢化玻璃的破损案例

玻璃的要害之处是横断面。特别是钢化玻璃如果给横断面以冲击就会产生如图1及图2所示的破损。当已开裂时因其产生剧烈的飞溅有时将会伤及眼睛。另外,钢化玻璃面积较大时,易于受风压力的影响,表面损伤增大,有时由此更剧烈开裂,故应注意使用场所。

1 受某种冲击已开裂的钢化玻璃门扇。

2 已破碎飞散的玻璃片。它剧烈飞溅有时将伤及眼睛。

3 当对此类玻璃的横断面进行设计时,在玻璃的横断面之处必须采取不使之产生冲击的措施。

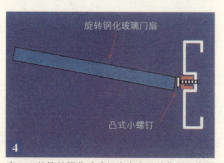

4 出入口的旋转钢化玻璃门扇在大风的作用下向固定门框槽的小螺钉处凸起,玻璃挠曲,与玻璃横断面碰撞而开裂。

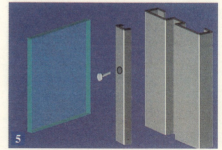

5 钢化玻璃部分的螺钉为了不使之掉出必须牢牢固定住。

80 玻璃的破损案例

即使是普通玻璃,其横断面也是其弱点。如玻璃一开裂,不单纯会产生危险,其更换也很费事。必须制定出使用时不特别注意也不会龟裂的布置计划。

1 柜台的隔断使用玻璃,稍许打开其下部,在玻璃的横断面处因撞上其他物品而受到破损。

2 为了分散冲击力在玻璃的横断面之处,如安装保护的铁件等就可防止出现如图1所示的事故。

3 将阳角部位的转角加工成锐角。如呈这种状态稍许冲击就会开裂。

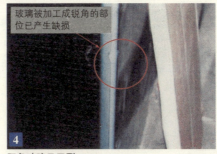

玻璃被加工成锐角的部位已产生缺损

4 阳角玻璃已开裂。

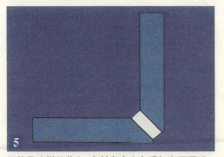

5 即使是这样的节点,密封宽度太宽看起来不顺眼。

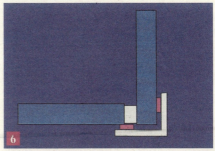

6 为了保护玻璃最好安装一个如图6所示的角钢转角保护罩。

81 更换因焊接火花受损的玻璃的案例

在建筑物交工之前进行最终清扫时发现在大面积的玻璃上有很多焊接火花烫伤的痕迹,故再次搭设脚手架更换了玻璃。

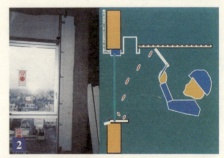

这是吊顶龙骨工程施工状况。如果挡上窗玻璃室内变暗施工不便,故相当难以保护玻璃。有时就马马虎虎挡块胶合板开始了焊接工程。然而,有时掉落于内窗台板之处的焊接火花由胶合板的空隙处溅出而烫伤了玻璃。

如图3所示滴落于板面上的焊接火花已远远超出预想的速度飞溅上来撞击玻璃表面,产生如图4所示的烫痕。虽不怎么显眼但烧融的玻璃清理时碰到刀刃才能发现,发现越晚受害越大。

这是一玻璃的横断面处理的失败案例。在阳台屋顶处使用钢丝网玻璃,可以看见钢丝网玻璃的横断面。有时在横断面处钢丝网锈蚀而产生膨胀使玻璃角产生缺损。对钢丝网玻璃的横断面应该用框保护住。

玻璃

82 SSG 构造方法中玻璃的固定问题及对策

　　SSG构造方法的思路就是看不见窗框的抱框（在幕墙中为竖框）及门窗框的横档，只从外部可以看见玻璃及密封材料。然而，密封材料的寿命有限。重新更换玻璃可能吗？"十年寿命足矣"这种不负责的思路是不允许的。现给出经实践证明的对策方法。

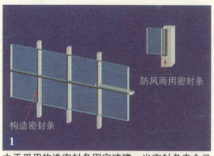

1 由于采用构造密封条固定玻璃，当密封条寿命已尽时，不能保证其不掉下来。另外还必须能够检验证明如何更换玻璃。

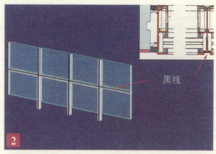

2 在普通的窗框上画一黑线，做成可明显看见的窗框。

3 当采用普通窗框的70mm抱框时，即为如图3所示效果。

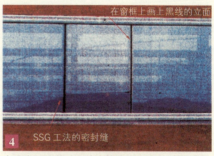

4 左图为SSG构造方法中缝的外观效果。在抱框上画一黑线的右图更清晰可见。

5 利用幕墙方法实施的立面。利用此法就不担心SSG构造方法的"当构造密封条老化时玻璃坠落"的可能，看起来还很漂亮。

6 用联窗窗框施工的立面。

83 避难方向与门扇开启方向不同的案例

图1中避难诱导灯在眼前，可以看出应向里边避难，而门是向外开的，这种设计在火灾等的灾害发生时是无法顺利进行避难的。这是由于设计当初的门转动门扇，后来被变更为电子锁，在安装时搞错了门的开启方向，因此当发生变更时必须冷静地考虑并确认申请图在防灾方面是否有矛盾？

因走廊门扇的开启方向与避难方向相反，在消防检查中经指导后改变了方向。

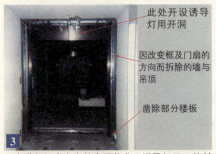

在当初的确认申请图中为像左图那样开启，后来变更为电子锁。当时没有发现避难问题，将开启方向安装反了。

正在进行门扇方向的变更作业，诱导灯开口的封堵与重新开设、吊顶拆除及恢复、电源等的重新安装，花费了不少钱。

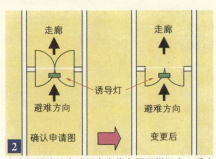

诱导灯已标注在电气设计图上，但有时与建筑设计图之间不一致

为了不产生此类失败，要将诱导灯及其他主要防灾设备明确标注在装修施工图上，还必须相互予以确认。

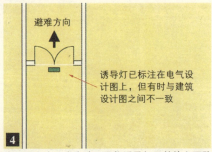

图5是通向避难楼梯的门扇碍事的案例。

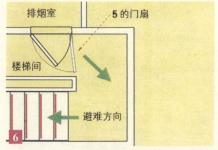

对如图6中实线所示的门扇如反向装设门扇的枢轴，则就成为易于避难的门扇了。

84 门扇的打开方向与照明开关的位置

有时在门扇的枢轴一侧安装小房间的照明开关。出现这种状况的原因就在于建筑设计图与电气设备图的不一致，由于某种原因改变了门扇的枢轴位置，而又未告知电气工程负责人的情况较多。当绘制平面详图时如标示出相关设备的位置就可以避免出现这样的错误。

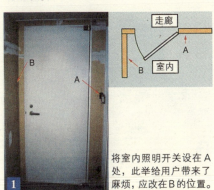

将室内照明开关设在A处，此举给用户带来了麻烦，应改在B的位置。

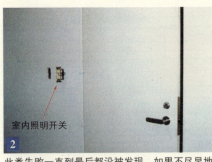

此类失败一直到最后都没被发现。如果不尽早地纠正此种错误，受害程度就更加大了。

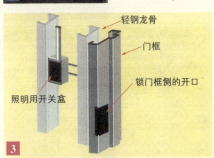

就轻钢龙骨施工完之后再安装门框的现场来说只要确认完门框的开口位置之后，再安装照明开关盒就易于发现此种错误。

然而对发生了该种失败的现场来说，即使按如上所述贴完墙板也多半都装不上门框。

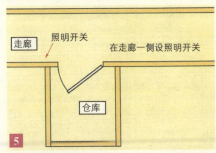

当为仓库等情况时，为了防止忘记设置室内照明最好在走廊一侧配设带指示灯的开关。

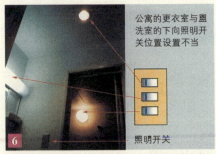

在成套浴室的门扇的旁边将三个照明开关设在了一起，但下向照明的开关应该设置在洗脸换衣间这边的房间内。

85 平时开敞的防火门与火灾

在避难楼梯内,像图1所示在画一个半圆的关闭型平时开放防火门之前堆放垃圾及杂物等,造成发生火灾时不能关闭门扇,导致死伤惨重。

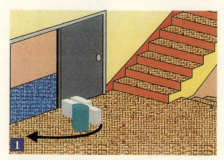

当为这种杂居楼房时,一般都利用电梯上下,有时在避难楼梯处堆放杂物。

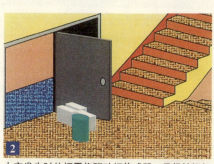

火灾发生时的烟雾将驱动烟传感器,虽想关闭门扇,但在门扇的运动轨迹上因有杂物而不能关闭门扇,导致烟雾钻进去。

就杂居楼房来说,因房屋所有者与承租人经常变化,楼房管理相当困难。为了防止再度发生事故必须严格管理及建立处罚制度,但在设计阶段的安全保护措施也很重要。此时将门扇的运动轨迹设定为最小,如推拉门形式的闭锁装置不是更有效吗!

对于火灾时所产生的有毒气体来说,楼梯间的门扇上部的墙壁对防止有毒气体流入楼梯间是很有效的。

在应该避难的楼梯间中,如有泡沫聚苯乙烯吊式广告牌或可燃物等有毒气体将会像上图这样上升,使之无法进行避难。

| 钢门 |

86 防烟墙与电梯前防火门扇

安装于竖向洞口处的门扇之上应该有30cm以上的防烟墙，且必须是自闭式的。即使是竖向洞口区域之外的门扇，规定在面向供避难所用的通路处也希望采用同样形式。另外，如图5所示的电梯门扇根据2000年6月的建筑标准法修订案的规定不能再作为防火门，因此在规划中电梯井必须用有遮烟性能的防火门扇等进行划分。

经检查指导指出在竖向洞口区域的平时开放式防火门扇的上部留出安装防烟墙之处。

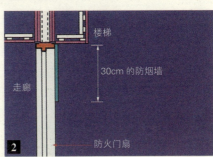

如上述的剖面图所示安装了防烟墙。

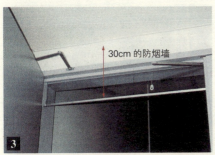

在检查指导中指出走廊处门扇上部的防烟墙的高度不够，后来安装的玻璃防烟墙。

这是面向室内有一定高度的设备搬运口，这是安装了可拆式防烟墙的案例。

这是竖向洞口区域的电梯前面的防火门扇。限制了开关及指示器的位置。

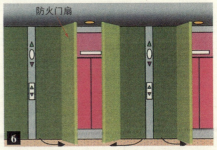

烟雾传感器工作，在电梯门扇的前面画出半圆形闭锁防火门扇。在其轨迹处不得放置障碍物。

87 门扇脱扣器的失败案例 (1)

有时由于建筑工程与电气设备工程之间协商不够而出现问题。如图1所示的失败案例就是其中一例。此时如以建筑为主进行施工流程安排是可以防止此类事故的。

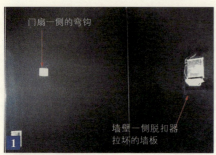

平时开放式防火门扇的脱扣器的安装不合格，经手动打开门扇时脱扣器周围的墙壁与脱扣器一同受拉，墙板被拉坏。

这是脱扣器主体与基底盒的照片。它被嵌入ALC板中。

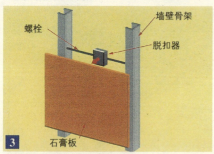

其原因是轻质钢制墙壁骨架的间距太大，其间只有一根横向螺栓固定住脱扣器。还有只贴一块石膏板的缘故。

在插座及开关类的安装工程中也经常使用螺栓。然而对受力部位应进行加强。

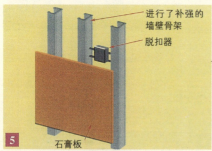

在脱扣器处利用加强骨架就可以牢牢地固定住脱扣器。问题是能否预先考虑脱扣器位置的骨架的施工。

在门扇的弯钩位置必须对衬板进行加固，对脱扣器一侧也要对墙壁骨架进行加固，最好预先在施工图上标注出其位置。另外，当脱扣器的收头内距离不足时还有门扇的上楣安装式的脱扣器。

88 门扇脱扣器的失败案例 (2)

如图1所示制作了贴石材的平时开启门扇及门框,最后安装脱扣器时想关闭时才发现门关不上。要注意在各检查验收阶段都曾发生此类错误。

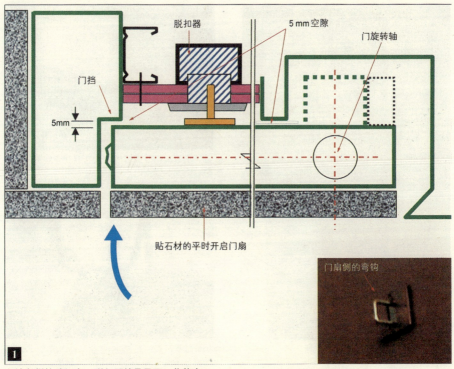

1 无论怎样按动门扇,脱扣器就是呈不工作状态。

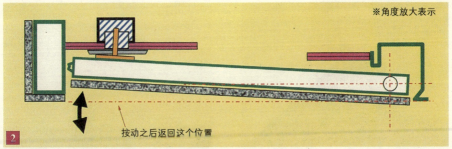

该种形式的脱扣器的机理是待关上门扇之后稍许弹回之处按上制动铁件就可以达到所定的位置。如不掌握此种机理当门挡的空隙留有5mm就将导致失败。如按上图所示处理就没有问题了。

89 门扇开关器的失败案例

门开闭器外观不好看，有时在门的自动开闭装置中使用自动铰，但经使用几年后弹簧变软有时难于调整。另外，如若与臂式的门扇开关器相比，应该想到更换是很费事的。

1 使用自动铰的楼梯间防火门扇。

4 这是为消防队专用消火栓软管穿过的小门扇，其中也必须装有自闭式装置。

2 普通的臂式门开关器(平行型)。当关注走廊的设计时，可安装到室内。

3 稍许放松门扇的开关器，臂就可碰到吊顶。但如果门框与吊顶之间没有空隙就有问题了。

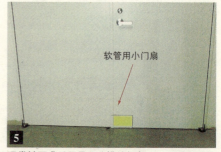

5 通常被要求采用易于分辨的颜色。

钢门

90 落地闭门器的失败案例

当如图1所示的落地闭门器的面板弯折损伤需要更换时损失就很大。另外应认真研究如图3所示的在楼板上的嵌入位置。图4所示为建筑五金安装的全过程,但不能忘记确认周围的高度。除此之外必须注意有时将落地闭门器中有门挡的及无门挡的按错了,那就要重新安装了。

1 落地闭门器的不锈钢钢板在工程中弯曲受损有时必须更换,应预先准备备用板。

2 如果不将楼板上装修材料的厚度与落地闭门器的表面齐平,则将出现高差就易于绊跤。

3 当楼面为石材饰面时,在铺设石材的余量中要考虑装设落地闭门器的问题,当如上所述贴石材余量较少时就必须将楼板上留下凹槽。当将落地闭门器放在下层的梁上时,就必须注意不得切断梁中的钢筋。

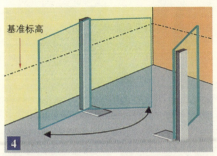

4 将落地闭门器安装在基准标高轴线范围内,然后按上门扇,当铺设楼面装饰材料时,应注意有时门扇可能碰到地面。

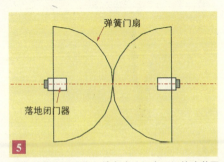

5 在安装落地闭门器之前应确认门扇开闭轨迹范围内的地面高度,还应考虑并确认后来会不会出现问题。

91 不能关上门的原因

待开始利用建筑物之后有时发现门撞上门框无法关闭，有时旋锁不好使而产生索赔的情况。其原因可能是门扇的合页或铰链弯曲了，发生弯曲的原因多半如图1或图2所示的情况。施工过程中的管理不善将降低施工质量。

因先安装门开闭器，门处于打开状态，在框与扇之间插入木板条的状况。

在这种状态下如使劲关门，则门扇就将产生变形。

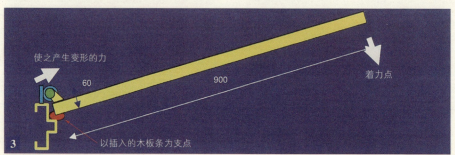

以图3为例，如若从门扇的外侧在关闭方向上施加70kgf的力，则在铰链(合页)上将产生1t的力，故将产生变形。由于铁件变形门无法关闭，为矫正铁件需反向加力。这样重复多次加力，合页铁件容易受损。

在上述部位加很大的力门扇仍关不上。

如用上述照片所示的固定方法或用绳索拉住则作用于门扇上的应力就小了。

92 门扇的翘曲与门挡

如图1所示，门扇一旦翘曲矫正相当困难，所以，当搬运或临时放置时必须充分注意别施加太大的外力。门扇越大越易于翘曲，所以在制定大的门扇安装计划时应多加考虑。另外如图4所示，门挡的位置如离开墙面则将易于绊跤，故必须注意门扇周围墙壁的形状。

1 双开门扇的右侧门扇翘曲了，其外观很难看。

2 因在门扇上施加了很大的力，门扇将产生翘曲。

3 门扇的高度比开启方向的梁高还高，所以如图3所示，一开门就撞到梁上了。这是一个考虑不周的案例。如施加很大的力门扇就会产生翘曲。

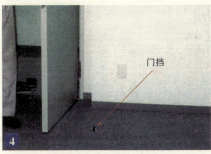

4 门挡的位置离开了墙壁，故易于绊跤。

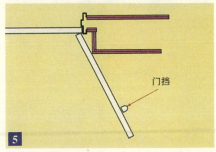

5 墙壁中的设置如图5所示，门挡离开了墙壁。

93 气密门扇的选择与锁

图1所示为地下电机室的气密门扇。通常情况下是气密门扇用橡胶将缝隙密封以期待其隔声效果,但要比普通门扇贵得多。然而即使对不产生噪声的机械室及电机室等在设计上有时也使用气密门扇。应该认真研究,尽量降低建设成本。另外,图3是因为与吊顶之间没有缝隙而产生的失败案例。

即使是不产生噪声的机械室及电机室等也有时安装气密门扇。

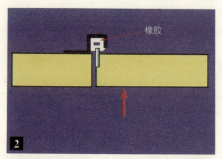

如上图所示,单侧门扇关闭时挤压橡胶而堵住缝隙提高了隔声效果。

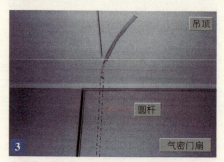

当安装气密门扇时必须引起注意的就是这种失败案例。长插销锁上部的圆杆碰到吊顶撞坏了吊顶。

长插销锁的原理是关上门扇之后,按下手柄将其关紧,像普通的长臂把手锁那样开门时解除安全装置,提升圆杆。

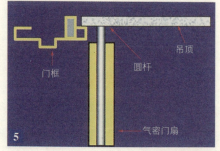

门框与吊顶之间的间距太小,气密门扇锁紧用圆杆撞到吊顶上了。应该采取一定间距使圆杆不碰到吊顶。

94 自动门的失败案例

有一种类型是将大门的自动门的开关埋设于地面石材之下的。某座建筑物在施工后的6年间12处之中有四处开关被破坏,每次都要凿开地面石材进行更换。而如果将其设置在门上方就应该更易于修理。

埋设于地面之下的开关。该布线要在门框中穿过与门的驱动部分相连。

地面石材被凿开后因其不能再度使用,故其色调也将产生变化。

这是上部安装的自动门的开关,非常小型的。维修保养很轻松。

要按建筑物的不同用途充分研究安全光线的高度。

因为是造型优先的设计,故将自动门顶部埋设于吊顶之中,且没设检修口,之后又在吊顶上重新设检修口、开口又小,就维修保养而言十分辛苦。

自动门必须进行调整。如像这样安装成围板式就便于维修保养。

95 钢门的锈蚀及其对策

沾水处的钢门易于锈蚀。一般认为产生锈蚀的原因是管理不善造成的，而真正原因是此处难于维修保养。特别是门下当维修保养时要从框上卸下钢门，并要进行充分的防锈处理才行，因其太费事而近乎于不太可能。如果能作出已考虑了维修保养的设计，那么就可以大幅度地削减建筑物的维修保养费用。

1 易受风雨影响的外部出入口钢门底部已被腐蚀。如这样就必须更换。

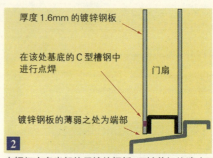

2 在钢门中多半都使用镀锌钢板，而被剪切的端头又没有镀锌，加之焊接部位又削弱了镀锌层。另外，对门扇下部的防锈涂装很难实施。

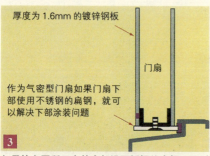

3 如果按上图所示在其底部设不锈钢的扁钢，再对焊接部位进行维护就可以延长使用寿命。另外，在设计时最好设门扇上的防雨板。

4 在易于沾水的厨房出入口处选用了不生锈的铝制门扇。然而，铝制表面比较薄弱，运餐车撞坏了门扇的表面。

5 由于如上所示将不锈钢钢板贴在铝制门扇的两侧，防止了产生损伤。

6 不锈钢的门扇虽然防腐性好，但其缺点是如一沾上手印很难看。如上所示在手易于接触的部位贴上薄膜就可以解决这个问题。

96 钢门的门槛下沉案例

与OA地面相连接的钢门的门槛其下因不能填砂浆而易于产生下沉。又因难于从下面进行固定，经常如图2及图3所示进行斜向焊接。但这样施工，焊接部位在荷载作用下就会像弹簧一样受扭而引起破坏。图4所示就是门框的固定方法的失败案例。另外，当像图6所示那样加工制作门框时在计划中必须考虑其作业性。

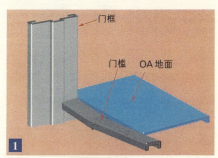

1　OA地面部分的门槛在开始使用后已产生弯曲下沉了。

2　原因：门槛采用斜向焊接，故每当踏上，在焊接部位就作用以弯矩。焊接钢筋就折断了。

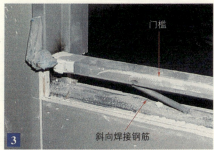

3　如图3所示，采用斜向焊接，故承受不住来自上面的荷载，如果不再多向上焊接一些则焊缝将受到破坏。

4　门框焊接脱落的案例。如上图所示，如果只固定一樘门框，则门扇开闭时框将受扭，焊接部位马上就脱落。

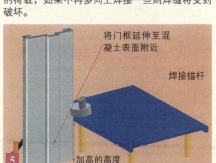

5　将门框落到混凝土表面，在此处焊接并固定门框的两处就可以防止门框受扭。当有一定高度时，在合页部位采取加劲措施。

6　由于将OA地面部位的门槛与门框做成了整体。因此对通路必须起坡。应后安装门槛。

97 门的门槛节点处的失败案例

待一次将混凝土楼板面层做完后,因为门框与门槛嵌入地面之下,经常要凿除地面。该种方法既费工又费钱,最后就像图3所示那样装修得很难看。如采取图5所示的安装方法既可保证装修效果,又可以减少施工量。

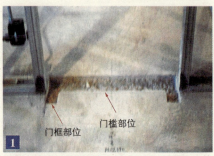

安装完墙壁的龙骨后为了埋入门框及门槛,在楼板上开沟。

只凿除一处,产生如此多的混凝土碎屑。

安装完之后在门槛周围抹上砂浆,但结果如图片所示那样不怎么漂亮。

门槛与地面材料的两平面间的差距不一致,有时还要返工。

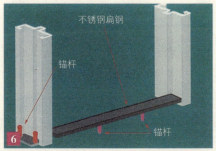

如果做成图5所示的这样则既不花费成本,节省又漂亮。直接将门框安装在地面上,用钻头在不锈钢的带锚杆的扁钢上开洞,再用环氧树脂将门槛粘在地面上。与装修材料之间的两平面之间的差距处理的也很好。当为地毯式瓷砖时,不设门槛也就没有了高差,降下了成本业主也满意。

98 门框的收进尺寸不准的案例

门框施工准确的建筑物用起来使人心情舒畅,然而遗憾的是也有不这样的建筑物。如图 1 所示碰锁已撞到墙上不知道建筑物交工检查时如何过关的,使人心生疑问。

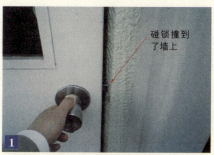

外部出入口门扇中的碰锁撞到墙面损坏了外墙的涂饰。

如上图所示其原因就在于门框与外墙之间的收进尺寸太少。

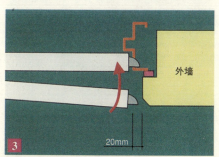

除了施工误差之外,同时考虑外墙喷涂材料的厚度,最好像上图所示那样在计划时就留出 20mm 的收进尺寸。

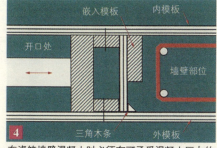

在浇筑墙壁混凝土时必须有可承受混凝土压力的模板。另外,在开口两侧混凝土必须能均匀地流进去。

贴完墙板涂饰结束后就呈这种状态。如在贴墙板时稍许注意一下是可以应对的,利用密封条调整误差。

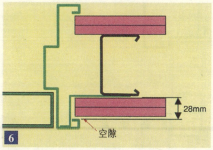

贴两张 12.5mm 的石膏板之处其厚度为 28mm,这是形成很大空隙的原因。

99 门扇制作的失败案例

当确认门扇加工制作图时,如预料不到安装后呈何种状态就会导致很大失败。此处例举的就是其中一例。

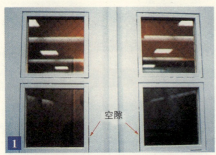

1 玻璃的压条精度太差,缝的宽度大小不均很不雅观。

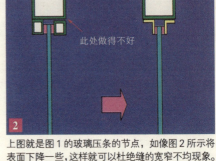

2 上图就是图1的玻璃压条的节点,如像图2所示将表面下降一些,这样就可以杜绝缝的宽窄不均现象。

3 如果作成这样的设计,把手部分玻璃有切口玻璃将易于开裂。此时应研究镶玻璃的方法。

4 不研究地面高差处的节点就加工制作,然后强行安装的照片。在建筑五金加工制作图中一定要标注出门扇两侧的装饰尺寸。

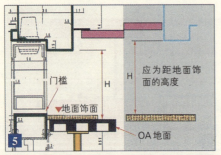

5 不是按地面饰面,而是按OA地面表面取扇的高度H来加工制作门扇,在横向电梯与吊顶节点处产生了不一致。

6 防范传感器的设置不良,因为没有嵌入框内,故从框上就看见了电线。

钢门

100 危险的门扇

有时考虑扩建或搬运机械用在外墙上设置门扇，将来有可能产生有人不注意从该处坠落的危险。门扇的设计必须考虑最不利情况。另外，如图4所示的门扇的强风对策中在竣工后经常出现索赔问题，故应预先在某种程度上进行预测。

1. 如果与内部地面连接，当不慎打开这扇门扇时就将坠落下去。

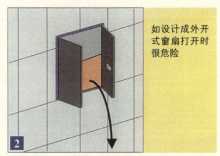

2. 如上图所示当向外打开时，其危险性就比较大。

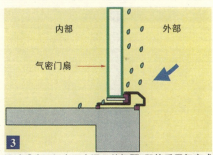

3. 设计成内开门有雨水浸入的问题。即使采用气密式门如上图所示也不能完全解决问题。有在内部设排水措施的方法，即使向外开也有设阳台的方法。

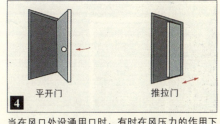

4. 当在风口处设通用口时，有时在风压力的作用下将打不开门扇。另外，当想关门时在门开闭器的力作用下抵抗不住而关上有时可能夹住手指。此时将门扇改成推拉门就可缓和大风的影响。另外此时必须减小门扇的面积。

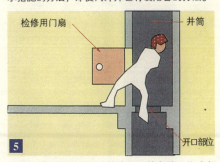

5. 竖井中楼板上有开洞的检修门比较危险。当内部比较黑时检修工有可能掉下去。

6. 如为上图所示的门扇及吊顶检修口的布置方式，当打开门扇站在梯子上作业时，担心开门碰上梯子出现危险。

101 门框的焊接定位锚片位置不准的案例

门框的焊接用锚片位置不准，就焊在门框主体上了，铁件歪斜，防锈涂漆剥离，有时饰面很难看。当门窗订货晚了主体先行施工时就必须预先决定门框的焊接锚位。

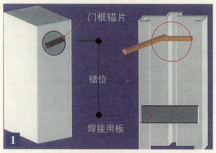

当打入主体墙中的门框锚与门框的焊接用板的位置不准，有时就那么焊到门框主体上了。

在门框的焊接用板的位置上打上后施工的焊接锚杆，成本浪费了。

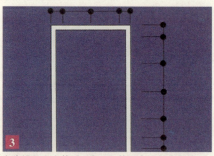

当为混凝土主体时，为了即使没有图纸也能施工，最好预先决定出门框锚的定位方法。

框的下部有尖轴合页为了防扭要充分固定住框的两侧。如对此不重视，使用后一旦出现问题就会出现索赔问题。

焊在门框主体上。不得将焊接温度影响传到装饰材料上。

102 平面布置总图中考虑不周的失败案例

电气室与电梯机房等的房间通电后必须马上加锁，但是，如若锁没运至现场有时就要临时买锁导致无谓的浪费。另外，由于锁的主要厂家的订货错误或安装错误在竣工前的繁忙阶段需要重新换锁的。对于很多现场中出现的失败现象如果预先采取某种战略是可以解决的，并且可以大幅度地减少这些不必要的麻烦。

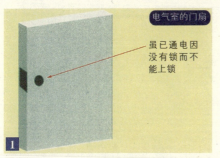

电气室的门扇

虽已通电因没有锁而不能上锁

1 由于通电后对必须上锁这一问题缺乏认识而造成了无谓的浪费，此时必须尽早作准备。

2 要用万能钥匙及其组群的钥匙对所有的锁进行确认需要花很大的力气。一旦出现打不开的锁时则更加剧了混乱。

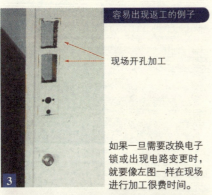

容易出现返工的例子

现场开孔加工

如果一旦需要改换电子锁或出现电路变更时，就要像左图一样在现场进行加工很费时间。

3

订购钥匙的人必须是具备强有力的统帅能力的人。首先必须在早期就决定下来如何加强该座建筑物的治安防卫工作的方针。这是业主的工作，如果需要的话应提供材料，使其作出今后不需要变更的正确判断。其次是编制根据该治安防卫方针的索引图并征得确认。选定钥匙厂家，在编制索引图时如能预先征得厂家的协助则日后就好沟通。当订购建筑五金时其秘诀是要对每套建筑五金都特定钥匙的编号。例如：SD1如是MK1组的（QH12685~12696），就定其中的QH12685，如果该钥匙进场了就能准确无误地在SD1中，对上QH12685的钥匙。

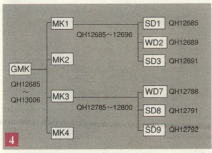

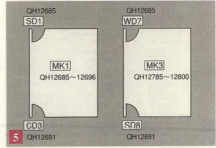

4 **5**

要在早期阶段拿到万能钥匙的编组号（上图如为MK1则是12685~12696），对各建筑五金每组都要分编核对。在该阶段就可以编制竣工验收时所需的钥匙表及钥匙箱，工作就可以顺利开展。该万能钥匙的组号可信度非常高，只有在建筑五金上标注正确的编号，才能使总万能钥匙与组群万能钥匙相一致。

103 浴室门窗选择的失败案例

对浴室窗框的选择必须进行细致的考虑。因为按上了如图1所示的双槽推拉窗框,就产生了"担心来自外部的视线,又不能换气"这种抱怨。这是一个在设计时或者说在画施工图时没有站在用户的立场欠考虑的案例。

1

浴室中为防霉很重要的就是换气。然而,就该双槽推拉窗来说不能既换气又上锁。另外,如图中窗面积过大时担心来自外部的视线。

2

这是设置玻璃百叶窗式窗框的浴室。改变玻璃百叶窗的角度就能调整向外界的排气量,作为浴室的窗框比较适用。

3

浴室的出入口处的门框角是比较锐利的带尖的部位,出入时稍不慎有时将划伤脚面。最近的单元式浴室虽已考虑了这一点,但是,当独自设计浴室时,应注意此点容易被疏忽。

4

高层公寓的冲洗盆的前面安装了双槽推拉窗。该内窗台板之上为洗涤剂等放置东西的地方,担心开窗子时有掉落的危险。必须考虑防止由此掉物的措施。

窗框

104 竣工后的建筑在严冬之季产生很大噪声的案例

4月才交工的建筑，于本年12月中旬在南向房间产生了"咚！"这么大的响声，业主提出索赔。经调查得知于晴天的中午前后及下午4:30前后是出现声响的高峰，出现响声的部位是1所示的内侧设有槅扇的房间。声响来自吊顶方向。

在由吊顶至地面的玻璃联窗悬墙之内设有槅扇。只有晴天之日才有声响，故推测是由温差产生的声响。

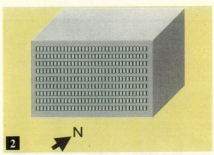

建筑物面向正南，受热量大。经探查吊顶内侧出现响声的位置"咚"这种声音响彻整个顶棚，位置并不固定。

经测量各构件在每个时间段的温度结果发现抱框最高为45℃，最低只有5℃，温差相当大。由此可以断定声响是出自抱框上部的固定件。2.7m 的抱框在40℃的温差作用下将产生2.9mm的伸缩。

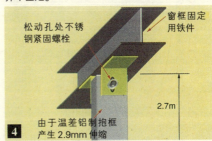

抱框上部系用不锈钢螺栓固定在铁件上，当伸缩力超过螺栓的紧固力时能量就一下子释放出来，使之窗框固定用铁件产生振动，发出很大声响。

如图5所示，由于在紧固部位夹设滑动件，在温度作用下释放伸缩量，就能阻止声响。松动孔就是考虑温度伸缩而设置的，施工时螺栓往往被拧紧。当初就应该预先设置滑动件。

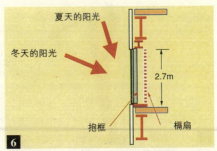

照射于朝南的建筑物墙面的阳光如上图所示冬季最大。另外，日落时气温的降低速度非常快。

105 单扇推拉窗扇的掉落案例

防止危险所安设的闭锁装置有时反而诱发了危险。当锁住窗扇时虽能承受住大风，但当开闭时有时就产生了诸如此类的事故。首先必须考虑窗扇的稳定的形状。另外，当作为排烟窗使用时就必须注意不能限制开放。

在如图1所示的单开推拉窗框上为了防止坠落于20cm以上不能打开部位的下部安装了闭锁装置(止动器)。在使劲外推该窗扇时窗扇如图2所示产生了倾斜，上半部分脱轨，当往回拽时发生了坠落事故。因其为细长形状的窗扇，变形呈平行四边形，产生了平面外的挠曲，这就是由上部脱轨掉落的原因。表面看来易于进行窗框的划线定位，但此类现象必须引起注意。此处如在上部及下部都安装上止动器就可防止转动了。

产生平面外方向的挠曲，而导致脱落。

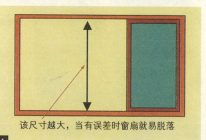

为防止产生脱落的一项重要工作就是对窗框的安装精度的管理。

106 大风刮掉外部窗扇的案例

当想擦玻璃打开竖轴旋转窗时，突然刮起的暴风所产生的风压作用于窗扇上，在激烈的风势下窗扇猛烈旋转。在此种势头下窗轴被刮断窗扇掉下去了。因为在打开窗扇之前没有预料到风力之大，加之打开时止动器被破坏而产生了此类事故。

当想打开竖轴旋转窗时，在窗的两侧的手柄上施力让窗子旋转就打开了。

正当使劲开窗时如突然刮起了大风，在这种加速度作用下窗扇转动起来，如图所示就掉下去了。

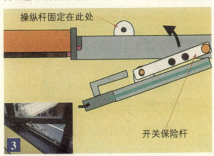

开关保险杆就是待打开窗户之后，经手动在45°角或90°角上进行固定的机构。

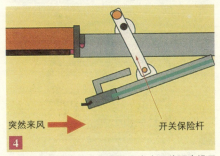

当已打开窗户时，应在15°角左右之处预先设置作用于止动器上的机构。

这是打开换气用的钢丝开闭型外倾式窗的情景。如果考虑到突然刮起的大风时此种形式是不安定的。

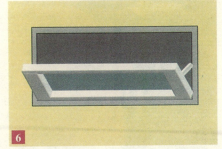

对于大风这种形式有一定的安定性。对于安装于外部的窗扇必须考虑大风作用下的形状。

107 台风掀掉穹顶屋面的案例

当采用特殊的窗框时，有时由于未经过大型台风等的洗礼，所以未采取相应措施。对于强弱不等重复多次的台风的作用力必须预先就认识到它将引起很大的反作用力。

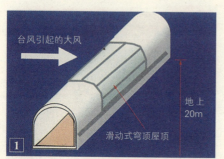
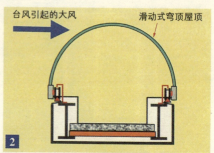

如上图所示在位于地面20m高处的通廊的中间部位的滑动式排烟窗在台风时受风速50m左右的强风作用下快脱落了。

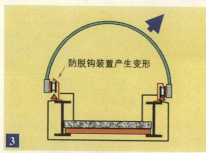

在台风的风压力的作用下产生了掀力，防脱钩装置被上抬使穹顶产生变形，当掀力变小时其位置眼看就要脱轨了。

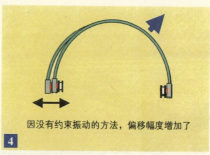

对于此种外形的屋顶因中间部分没有约束力故当作用掀力时，在宽度方向产生振动，容易脱轨。

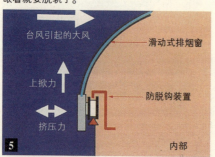

对于这种有一定重量的建筑物一般认为不会产生上浮现象，故往往设计成简单的防脱钩装置，对此应特别注意。

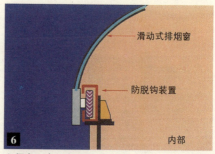

必须有一个如图6所示的可全方位抵抗外力的防脱钩系统。

窗框

108 窗框与窗帘盒之间节点处理的失败案例

在一个房间中由于窗帘盒的安装方式不同其形象将产生很大变化，但是，当考虑窗框与梁之间的连接方法时很少考虑到窗帘盒的问题。现举例说明如能尽早考虑就能设计出一个漂亮的节点构造。

1
这是饭店客房，其窗帘盒的长度太短。因为采用竖轴旋转窗，如果加长，当打开窗扇时就会夹住窗帘。

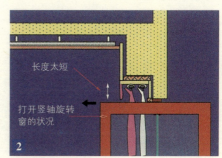

2
如上图所示的节点。

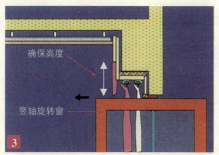

3
在梁中间因装饰板而形成高差，确保前边面板的长度，这样处理设计上将更为合理。

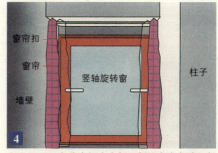

4
如上图所示有些房间在窗框两侧没有窄条墙，每当开闭窗扇时就可能拉拽窗帘而易使其被拉破。

5
这是在窗框的单侧形成的窗帘帷幔，窗帘碍事使单开窗无法打开。

6
在窗框两侧有窄条墙，是确保窗帘帷幔有序整洁的节点处理方法。在梁下的装饰上有些高差，代替了窗帘盒的使用。

109 窗框周围混凝土的翘曲案例

在窗框上部由于作用以混凝土的自重(压力)中央部位易于产生挠度。如挠度大,就无法安装窗框。如强行安装窗框就会产生图1与图5所示的现象。当在工程后期想安装纱窗时有时因为窗框太小而不能进行安装,所以,这一点必须弄清楚。

1　窗框上部的墙壁呈斜向下垂,框余边不均匀。为了隐蔽此处就要将喷涂料填塞在窗框余边处。

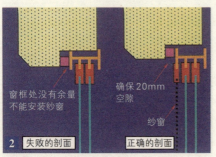

2　图2为失败的剖面。如图3所示施工时设20mm的空隙。

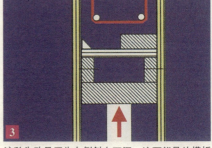

3　该种失败是因为左侧斜向下沉,这可能是外模板处的标高线放错了,或者是开口模板的制作错误所导致的。

4　当墙壁较厚开口宽度较大时,如图4所示易于产生挠度。

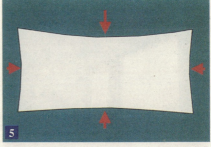

5　在混凝土的自重(压力)作用下,大开口的窗户易于像上图这样产生挠度,此时多半需要清凿,所以必须提出确实可靠地防止开口产生挠度的增强措施。

窗框

110 与防火分区的间距不足的案例

对外墙部分的防火分区的间距，由于在内部看不到有时被忽视，但在最终检查阶段经指出后才注意到时，此时进行返工为时已晚。图5所示就是通气口的间距不足的失败案例。

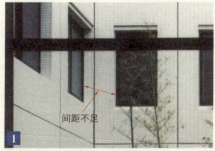
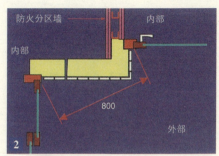

某建筑物的中庭转角部分的内部虽有防火分区墙，但规定防火分区墙之间的间距必须为900mm以上，而图2所示仅有800mm。

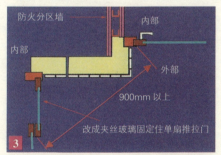
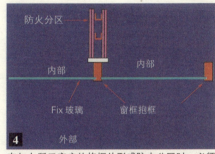

将双开门的单侧玻璃换成夹丝玻璃，设成不能打开的固定门，确保了外侧防止火灾蔓延的隔离尺寸。

在如上所示窗户的抱框处形成防火分区时，必须注意应换成夹丝玻璃。

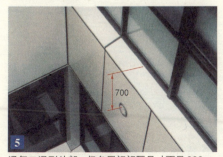
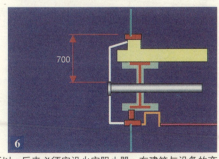

通气口通到外部，但各层间间隔尺寸不足900mm，所以，后来必须安设火灾阻止器。在建筑与设备的商讨调整时，有可能忘记协调，此点必须引起注意。

111 层间防水分区封板处的失败案例

当为全面镶玻璃的幕墙时，在各层间的玻璃的内侧是防止火灾蔓延的区间间隔，故必须安装封板。如该部分出现问题，有时修正起来很费时间，现举例说明如下。

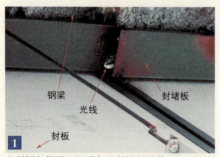

1 在封板与钢梁之间填加的封堵板脱落了，可以看见来自外部的光线。

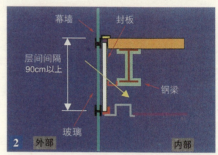

2 为了防止抱框处封板的贴法错误而安设的封堵板。

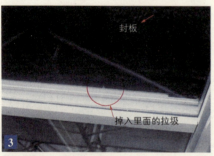

3 封板处的另一个败笔就是在幕墙的层间区段处的耐火封板与窗框之间易掉垃圾。

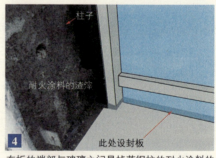

4 在板的端部与玻璃之间易掉落钢柱的耐火涂料的渣滓。

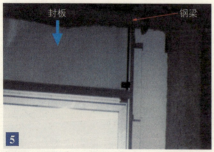

5 内侧玻璃清扫之后由梁之间插入封板

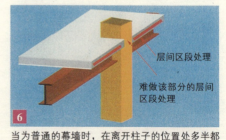

6 当为普通的幕墙时，在离开柱子的位置处多半都有外墙，所以均可用同样的剖面进行处理。然而，当如图5所示采用竖向条形窗并安装在柱子的侧向时，对柱子部位的层间区段处理就非常困难，所以，必须预先就考虑其施工步骤。

窗框

112 层间防水分区封板部分的施工步骤实例

为了幕墙的层间分区，要在玻璃的内侧设置封板，但此时易出现问题。当利用无脚手架工法施工时，也有将玻璃与封板做成整体式的安装方法。

※为了易于理解省略了上部门窗口的横挡

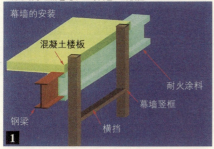

1 首先待梁的耐火喷涂工程结束之后再安装幕墙的竖框。

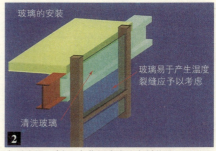

2 有时在梁一侧无法进行玻璃的密封作业，因此要预先研究梁一侧的玻璃的固定方法。有时在设计上可能选用夹丝玻璃，但应注意温度裂缝。

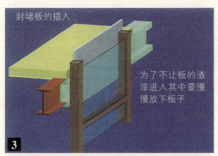

3 此时竖框的紧固件有可能影响封板的施工作业，因此应对紧固件进行研究。

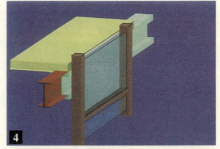

4 待设置封板之后，趁着垃圾与灰尘等还没进入之时抓紧安装板上的盖板。

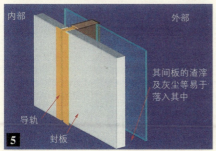

5 内部的状况。当封板的颜色为黑色时，易受温度的影响。

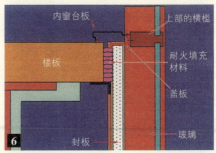

6 当不设盖板时，耐火涂料与垃圾等易从上部进入其中。

113 排烟窗的失败案例

当行政机关检查中指出排烟区段的问题时，内装材料的变更及排烟机械设备的设置等在竣工之前进行将产生很大的损失。为了不发生此类事件在事前应仔细研究图纸。

1　虽然在设计上认为打开浴室的窗户可以扩大排烟面积，但是，因为由浴槽的地面至月牙锁的高度超过1.5m，已经失去了排烟效果。

2　当在如上所示的大浴池的窗框上部设置排烟窗时，必须考虑不用进浴池就能操作把手的方法。

3　这是厨房内的内倾式排烟窗，与厨房内的炊具设备相碰。

4　如在设有排烟用双扇推拉窗的厨房窗户前设置较宽的固定案板时，则有时就无法打开窗户。

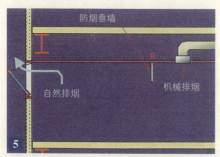

5　当房间的面积发生变化，自然排烟的面积不足时，可利用机械排烟弥补不足部分，但是，自然排烟与机械排烟两者不能共存。要么全部为机械排烟，要么设防烟墙。

6　如图6所示热水游泳池房间的排烟操作把手已锈蚀了，必须考虑场所来选择材质。

卷帘门

114 卷帘门布置上的失败案例

对卷帘门的布置上有时考虑不周，待开始使用建筑物之后对其修改将是很费事的，所以，事前应该认真观察周边环境，预先采取措施。

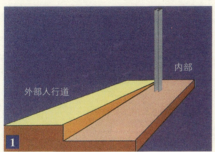
像这样在入口部位的坡道处设置了卷帘门。

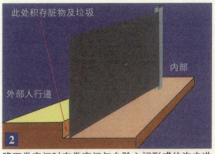
降下卷帘门时在卷帘门与台阶之间形成的沟内进入垃圾与脏物，清洗的污物污水将流入内部。

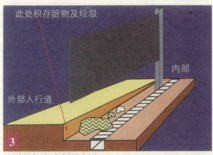
此时最好在内侧设侧沟。

当场地富余时，将卷帘门下部对着坡度较大处设台阶，也有斜向设置板条的方法，无论哪一种都必须考虑美观效果。

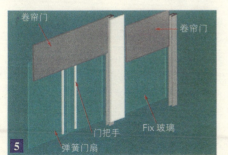

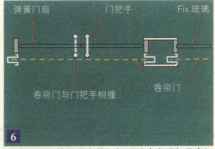

当外部玻璃幕与卷帘门比较近时，出入口的弹簧门有时也同样设置。待最后安装门把手时才发现与卷帘门相撞，这种是粗枝大叶的做法。另外，要注意当尺寸卡的较紧时风压推动卷帘门也有时与门把手相撞。

115 卷帘门滑道处的失败案例

与卷帘门滑道的地板连接处因为没处理好，有时经检查而要求返工。当之后修理时，既费钱又费工。另外，对于如图3所示的滑道部分的防火分区处理，也不应该由现场制作而应预先进行计划。

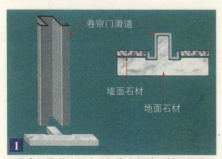

至卷帘门滑道的里边的部位当想贴石材等的地面饰面时很难做得很好。贴的饰面也很难将地面做得平整。

在卷帘门工程中如准备好如上图所示的滑道底部盖板，则此节点就能做得干净利落。

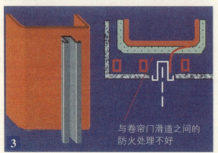

在后续工程中卷帘门滑道与防火墙之间的防火处理层产生了剥离，在修复工程中发现未进行处理就进行了装修。

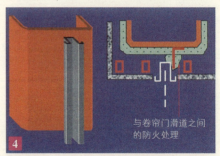

如果有如上图所示的为安装滑道的基层，则防火处理工程将容易得多。

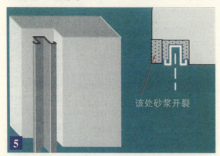

当将卷帘门滑道按上图所示设置在主体的转角部位时，如果用砂浆进行装修，振动时会产生开裂。

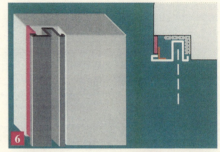

为了防止振裂，最好如图6所示用板材进行装饰。

116 大房间分隔用防火分区卷帘门

当为大面积的房间时，为了划分成小房间有时在房间中间设置卷帘门。那时应预先认真思考的是卷帘门的安装方法。是否有一种感觉认为只要有钢梁，任何地方都可以进行焊接，但是当面积较大时，卷帘门自身的重量就很重，此时必须对其支承构件进行验算以确认其是否有足够的承载力。

1 由钢结构接头的拼接板处操纵卷帘门轴座处的拉条。

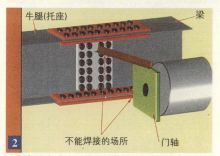

2 当剥离防火喷涂时为这种状况。当绘制卷帘门施工图时，如果不考虑钢结构的连接将出现这种情况。

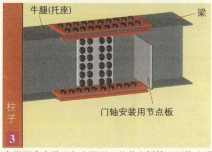

3 由于预先安装了如上图所示的节点板就可以防止现场的麻烦。

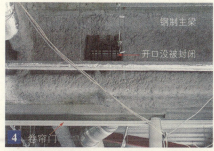

4 忘记对防火隔断的卷帘门内侧上部的钢梁上的套管进行封堵。

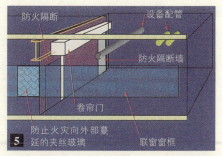

5 设备不得穿越按面积进行防火分区划分的部分，而由走廊一侧布线。另外，与全部设卷帘门相比，设防火墙的房间更易于利用。

117 卷帘门基座的失败案例

主体工程完工的同时就进入安装卷帘门阶段，但是，当为钢结构时放线比较困难，有时将产生如图1所示的失败。为了不出现此种失败，可采用如图3及图5中所示的措施。

1 对由楼板处降下来的卷帘门C型钢龙骨气割后进行安装。

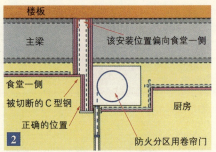

2 其原因可以认为是如图所示的安装在楼板下的卷帘门龙骨的位置偏移了。在楼板下方放线是一件很难的工作。

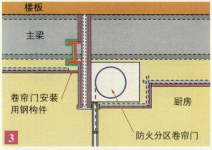

3 如果能预先将卷帘门的龙骨安装在主体钢结构上，那么就易于放线也可以防止出错，还可以大幅度地减少安装龙骨的麻烦。

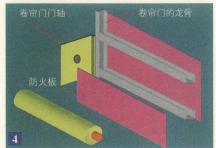

4 如图1所示在卷帘门周围贴板进行防火隔墙的设置是相当困难的，卷帘门连接部分板子的填平孔眼的施工易于出现不良现象。

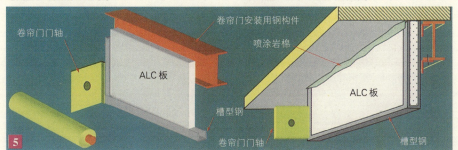

5 对卷帘门较多的店铺及工厂等建筑物来说，如何有计划地顺利安装卷帘门将对其后的装饰工程及设备安装工程的进展产生很大的影响。该案例就是在钢结构安装时，在固定于钢构件上的卷帘门安装用槽钢中预先设置好门轴连接件，然后从上边插入ALC板，之后铺设压型钢板混凝土组合楼板。对于防火分区处理时采用的喷涂岩棉的作业如果在钢结构的防火喷涂时进行，将省去很多麻烦。

118 厨房中卷帘式防火门的失败案例

当在厨房的前台处安设防火卷帘门时,含设备在内如果不预先计划就会导致如图1所示的失败。另外,对于卷帘门之上及下部的防火隔断处理来说也必须在图纸上事先进行认真研究。

1 在厨房与食堂间的防火防烟卷帘门用排烟隔断的高度不够,经检查指出后安装了玻璃垂壁。

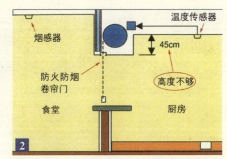

2 因在厨房内没设置烟感器,排烟隔断用垂壁的高度必须为50cm以上。

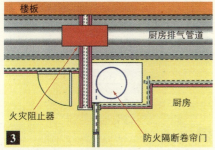

3 当排气管道等由卷帘门上部的防火间隔墙中穿过时,就必须设置火灾阻止器,所以,为了便于检修必须预先考虑其设置问题。

4 在卷帘门盒之上管道难于穿过。

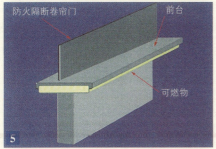

5 在卷帘门的柜台内侧有时张贴了木板,如在前台的产品施工图中注明为防火卷帘门就可以避免出错。

6 当为如上图所示的宽度及高度较矮的防火卷帘门时,有时即使传感器启动因其重量轻也不能关闭上。应该采取加重板条下部的措施。

119 卷帘门与防烟垂壁等的失败案例

对于设置在竖向孔洞隔断处的门扇来说，垂壁高度必须大于30cm，且门扇如为自闭式的话就可以认为有与防烟间隔墙同等的效果。即使在其他场合当避难时间较长，在避难中排烟机将进行工作时最好也设置垂壁(新排烟设备技术规程)。因此在所有场合下于防火防烟卷帘门之上都必须设置垂壁。

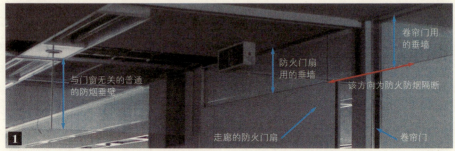

这是某办公大楼中的防烟垂墙的照片。由此可以看出在卷帘门与防火门扇上有30cm以上的防烟垂墙。另外还可以看见普通的防烟垂墙。当为此种隔断时，有时要求与该隔断相关的烟感器与防烟卷帘门或平时开放式门扇进行连锁控制，所以事前应予以确认。

在老建筑物中有时如上所示在竖向洞口隔断中没有防烟垂墙。

诸如此类的卷帘门除了烟感器之外，还必须设置如上述照片所示的手动关闭装置，应预先进行布置。

对卷帘门的钥匙也应有总体的安排。如果不考虑管理方式随意设置，那么事后就有可能要更换钥匙。

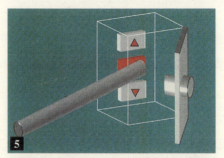

当兼顾安全与防灾时，因开关盒易于损坏，布置时应特别注意。

120 卷帘门门轴座部分的必要尺寸

当如图1所示在轻钢龙骨隔断处安装卷帘门的门轴座时，有时该处的防火隔断不好处理。特别是在研究不充分的状态下先行安装轻钢龙骨隔墙，然后安装卷帘门时有时门轴座部分将与轻钢龙骨相碰而需要重新返工。图3所示为两扇卷帘门的间隔。

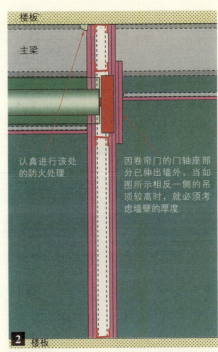

此处经常发生问题，必须在充分理解的基础上再进行轻钢龙骨的施工

据说设计上希望减小如上图3所示的间隔尺寸，但应注意吊顶内应有减速装置。

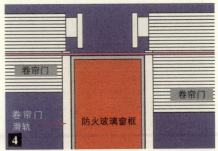

如果是防范上没有问题的场所，作为竖向孔洞隔断等的对应措施有如上图所示的防火玻璃窗框的方法（但要花费一些费用）。

121 卷帘门检修口的大小及位置

如果打开卷帘门的检修口一看，无论如何都有无法检修的场所。如果硬性使顶棚的分格与设备管线对齐，检修口会被设置在很不合适的位置。另外当在大厅共用空间一侧设检修口时，如果下些功夫可以使其布置的更易于进行维修。

1 卷帘门的检修口的开启方向，当需设梯子时必须易于进行作业。将其旋转180°将更易于操作。

2 要在考虑可操作性及可视性的基础上在吊顶内设置这类机械。

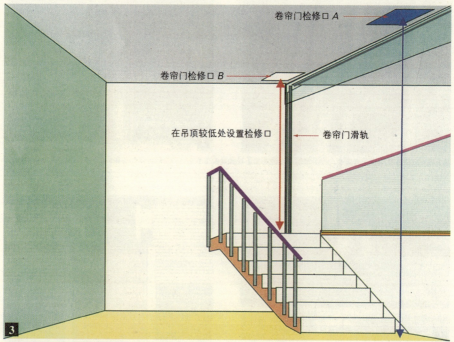

3 在如上图所示的竖向贯通部位应考虑利用什么样的卷帘门便于检修。在上图中如在竖向贯通层的右侧布设卷帘门应该没问题，但是基于某种理由当在竖向贯通层设置卷帘门时，不得将减速机设在检修口A侧。应在易于操作的较低的吊顶处设置减速机。

122 卷帘门条板涂装的损伤

卷帘门的涂装如果受损,则非常难看。如图2所示卷轴内侧的条板的滚轴部位的涂装易剥落。如图1所示,若在内侧设玻璃幕则无法修补。另外在相反一侧的竖向贯通侧的涂装修补也必须设置脚手架。如图4所示板条有时不采用涂装形式而是利用镀锌原板,因此应进行综合考虑。

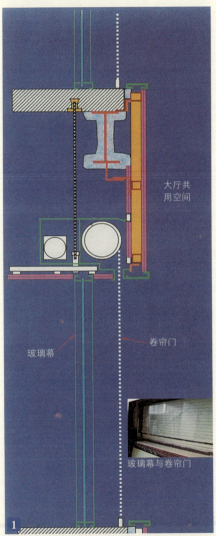

1 对于大厅共用空间处的卷帘门应预先分析研究将来如何对板条涂装进行修补的问题。

2 上部的辊子可能太紧,也可能被磨损,板条的涂装部分已受损。

3 板条使用镀锌钢板,涂装即使产生剥离,但镀锌层仍存在。

4 这是镀锌钢板的卷帘门板条。即使随着时间的推移仍保持很少受损的状态。

123 木制门窗的失败案例

现举例说明安装木制门窗时的失败案例。虽然事后看来是相当简单的工作，但如何预见及时防止失败是相当重要的。

在狭小的SK室门扇上安设的自闭装置

对于进深很小的SK房间来说在打开门扇的状态下使用。当门扇处有自闭装置时，边关闭门边进行作业反而不方便。

折叠门

这里安装有折叠门比较易于使用。

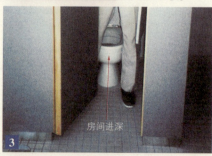

房间进深

小开间的门扇位于大便器附近不便进出。必须确保体量大的人也易于出入。

门扇的枢轴一侧

将蒸汽浴室的出入口门扇的枢轴设在窗框一侧，故紧固力比较小，门扇的开关使门框错动。

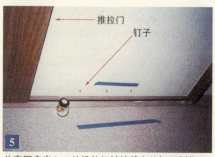

推拉门
钉子

公寓厨房出入口的推拉门被墙壁上的钉子划伤了。

踢脚板　　推拉门

因使用普通长度的钉子安装了薄墙处推拉门处的木制踢脚板，钉子穿透了内侧是其划伤推拉门的原因。

124 折叠门的失败案例

折叠门因有很大的开放面积,故很多情况下都使用,但要考虑场地后再使用。对于太大的折叠门不单单开闭困难,有时将浪费很大的空间。

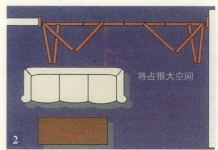

1 2 起居室的折叠门扇的宽度太大,就没有摆设沙发等家具的空间了。另外,这么大的门用小的拉手开闭时显得太重了。如果不考虑家具的布置一味地用折叠门扇的面积来决定就会导致这样的失败。

拉手的位置太靠前,如上图所示两扇门都作用以旋转的力而无法关上。

与上图所示如在门扇中心设置拉手就可以顺利地开关了。

3 为了隐藏洗衣机的空间而安装了折叠门,但在这种状态下即使拉动拉手,门扇被卡住仍关不上。

125 家具的布局研究不够的案例

为了在开始使用后不出现索赔现象，应在制作之前就对吊柜、洗物槽及伞架等进行充分研究。

1 如果将吊柜紧挨着吊顶设置，有时因与吊顶处的烟感器及照明器具相碰等而需要重新安装。

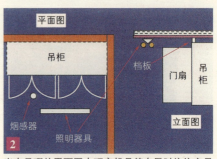

2 当在吊顶的平面图中研究机具等布局时往往容易忽视吊柜及高度较高的格架类等，最好在吊柜之上安设档板来降低门扇。

3 有两处失败的布局。其一是插座距煤气灶具太近，容易烧到电线，其二是左侧的抽屉撞到门框上而拉不出来。

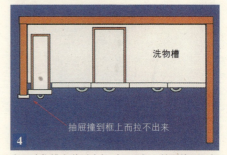

4 由于洗物槽安装时空间过于局促，抽屉撞到门框上。对洗物槽的布局事前应进行充分地研究。

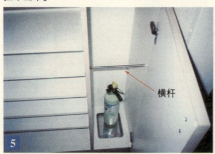

5 伞架处的横杆太高，伞难于插进，也难取出来。

6 如像图6所示决定横杆的高度就为易于使用的伞架。在设计制作时必须认真考虑便于使用。

126 温度使木材产生干缩的案例

有时在冷暖气的出口处使用木材。木材将因热气而易产生"变形"，所以，必须预先就考虑吸收变形位移的方法。另外，如图5所示照明箱体也将由于照明器具的热量而出现相同现象。

1 木制风机盘管罩的冷暖风出口的正面框由于木材干燥而产生收缩，空隙加大，罩子就脱落了。

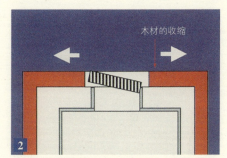

2 在这种场所宜使用充分干燥的收缩小的木材或金属等。

3 吊顶处的冷暖风的出口框因干燥而产生了收缩，与顶棚的装饰石膏板之间出现了空隙。

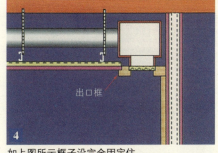

4 如上图所示框子没完全固定住。

5 在顶棚用照明器具中当安装有如上所示的拉门型的罩子时，由于温度收缩及来自窗户的大风的作用有时将掉下来。

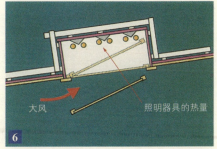

6 考虑到万一的情况，应该预先就采取牢固地固定住照明器具罩子的方法。

127 木材干缩的案例

由于木材本身的材质及干燥度不同,即使不是在强制的干燥条件下也将自然产生干缩。最近对即使是木制门扇也多半使用金属的框子。另外,如图6所示,高度太高的门扇由于条件不同也易产生挠曲。

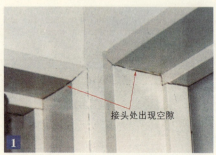

1 因木框的干燥不充分,在框的接头处出现了空隙。

2 由于木框的收缩而使瓷砖受拉,瓷砖中产生了裂纹。

3 木制门窗贴脸由于收缩而产生了移动,与墙壁之间产生了空隙。

4 由于木地面的收缩而导致相邻出入口处的石材地面开裂了。

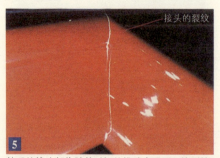

5 扶手的接头部位随着时间的推移出现了干缩裂缝。

6 高度为2.4m的光板木制门扇因室内外的温差而产生挠曲,已与门框相撞。事后在中间又设了一个合页进行处理。

128 窗户周围等的失败案例

在窗户内侧设置窗帘,而多半情况下都另行准备窗帘。此时必须考虑窗帘的厚度才能施工。另外如图5所示,日式房间的细木工在高度上必须一致,如错误地设定最初的高度则其造型就非常难看。

1 在可能发生火灾蔓延的部位(必须安装夹丝玻璃)榻扇必须远离窗户表面。

2 窗帘盒太小,只能容纳装饰性窗帘,透花饰边窗帘装在窗框一侧。

3 窗框的上框处虽装设有窗帘滑轨,但因滑轨间距太小,内外窗帘相互干扰。

4 将梁掩盖于壁橱门扇中的处理方式。当为贮藏间比较少的房间时,加大进深如若将挂衣架布置成双排,则就可以高兴地看到容量增大了。

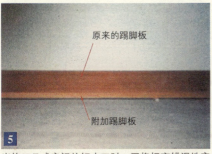

5 当施工日式房间的细木工时,因将标高错误地定在较高的位置上,就导致在踢脚板之下再设置一块附加踢脚板。此时应确认地面高度后再设定踢脚板的标高。

6 当为直接贴于混凝土楼板之上的木地面时,首先应确认踢脚板周围的标高,预先进行高度调整。

129 日式房间的综合评价

对于日式房间如果仅仅对平面图及立面图进行磋商,事后有时出现与原来想像的造型不同的投诉。日式房间是一个需花费大量成本的建筑,因此需绘制效果图等来进行充分的协商。

凹间木柱及凹间上框的杆件太粗,空调机送风口的百叶板过大。凹间搁架也用木材太多。

如果减细凹间上框及上槛的杆件就为比较漂亮的造型。

涂饰凹间搁架的凹间上框,与细的圆形凹间木柱相接,书房的圆形涂饰的墙面很好。

将凹间木柱设计成吊杆,像船底那样将顶棚中央抬高。

当建造茶室时,由于茶道的流派不同,其炉子的位置也不同,所以,如不充分调整协商,事后有时将可能要求返工。

[6] 板及 LGS

130 板开裂的失败案例

建筑物开始使用后有时墙壁及吊顶板产生开裂。其原因多半是板的特性及固定板子的构(杆)件因温度伸缩及振动所致。图4~图6是石膏板在各自的状态下开裂的案例。对于诸如此类易开裂部位的施工，必须在位移的缓冲上下功夫。

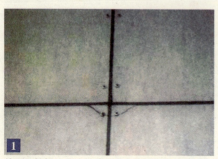

1 使用柔性板的外墙转角的自攻螺钉部位开裂了。

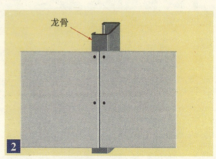

2 易于受外界温度的影响，特别是当转角部位边距较少时更易于开裂。

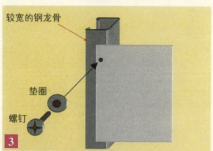

3 为了多取一些柔性板转角处的边距，在施工上使用较宽的钢龙骨及带垫圈的螺钉，并将孔适当放大可以吸收位移。

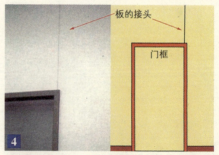

4 石膏板也开裂了，门框上部板的接头处由于开关门窗的振动而易于开裂。

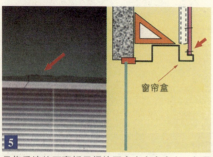

5 虽将垂墙的石膏板用螺栓固定在窗帘盒上，但是由于窗帘盒的振动石膏板已开裂了。

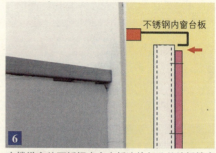

6 内楼梯窗的不锈钢内窗台板连接部分的墙板精度较差，虽已刮了腻子，但经振动仍旧产生裂缝。

131 门框连接收进尺寸中的失败案例

门框接缝整齐的建筑物其整体装修效果也较为理想。为了接缝处看上去美观，在施工龙骨阶段就应引起重视。更重要的是在施工之前应充分协商。

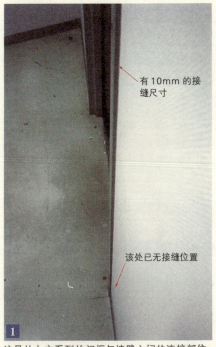

1. 这是从上方看到的门框与墙壁之间的连接部位，越往下接缝越小。

2. 墙龙骨立柱的轨道与螺栓固定状况

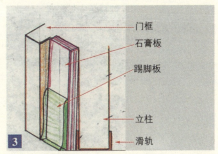

3. 由于立柱滑轨与螺钉的长度在石膏板下方，石膏板向上，抬高了这个高度。

4. 当墙壁轻钢龙骨的滑轨弯曲时，这种趋势将更大了。

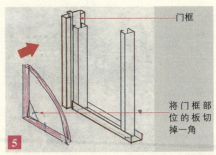

5. 如上图所示，将门框下部的石膏板切掉一角就能消化变厚的部位。

132 墙壁与地面之间形成缝隙的案例

如果能对立体工程进行认真地高精度地管理，那么就能顺利地实施装修工程。反之就将出现较多的难看的工程。因此应努力了解此类失败案例，并将其作为确保主体工程精度的参考案例。

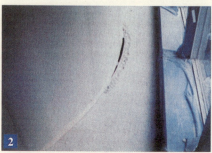

图1和图2为不同施工现场中防火墙的施工状况的照片，在楼板上出现了缝隙。这种事故很难得到改善。另外为了堵住这类缝隙出现了很多的返修工程。

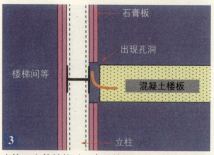
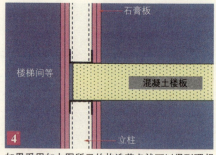

当施工主体结构时，出现缝隙的原因就在于不能保证固定混凝土楼板位置的精度。

如果采用如上图所示的构造节点就可以得到理想的装修效果。

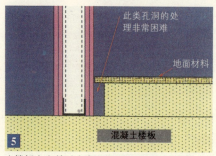
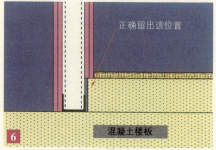

当楼板有高差时也会产生如上图所示的问题。该处即使填上水泥砂浆也会马上开裂。

为了得到如上图所示的装修效果，必须绘制有高差处的节点构造图并正确地在该位置处进行施工。

133 凹角部分的直角不准的案例

在鞋箱及洗脸台的周围有时会发现在墙的阴角处有缝隙存在，当对房间较多的建筑物重复相同的做法时，返修时既费事又花成本。如果稍加注意就可以得到满意的施工效果。

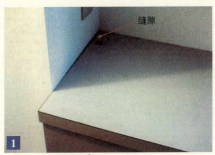

1 公寓的鞋箱上部阴角处出现缝隙。

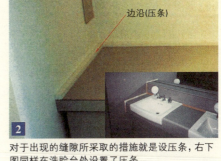

2 对于出现的缝隙所采取的措施就是设压条，右下图同样在洗脸台处设置了压条。

3 为了用板子形成阳角及对阳角的保护，可以使用如图3所示的树脂类的拐角角钢。

4 在阳角的保护角周围为了不出现高差可以刮上腻子。如果面积大时就不会很明显。

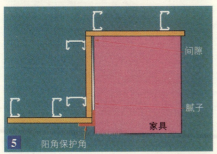

5 当进深较小时，为了掩饰拐角处的厚度，只在刮腻子的部分形成厚度差，因此在阴角处出现缝隙。

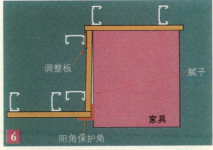

6 通过在阴角的立柱及石膏板之间插入调整板可以确保直角的精度。

134 石膏板与霉菌的案例

如石膏板沾水将产生霉菌。当产生霉菌时要除去霉菌将相当困难,有时需重新张贴。对于管道间及机械室等在止水工程前应抓紧的设备工程的场所不采用易于发生霉菌的板类,而改用ALC板等可使工程更加顺利。

如果对内部楼梯不采取防止雨水浸入的措施,就会产生如图1所示的雨水浸入,墙壁石膏板受潮发霉的现象。

在狭窄的高压储气瓶仓库中气流较少的阴角部位产生了霉菌。

在狭窄的机械室贴完墙壁石膏板之后,开始抹地面砂浆。施工程序的错误造成这样的结果。

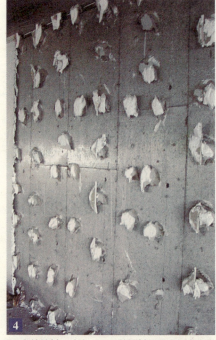

GL在粘结料工法中,如GL粘结料的涂层厚度太厚则干燥慢,假如干燥前贴墙纸等将易于产生霉菌。

135 地下机械室中的玻璃棉内部结露的案例

在面向地下机械室外部的双层墙中内填有玻璃棉的地方产生了内部结露。即使是有隔热性能的材料由于使用方法不当有时效果适得其反。

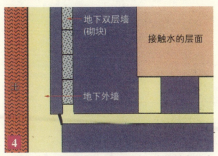

1 该接触水的层面内侧的玻璃棉在结露水的作用下呈湿漉漉的多孔材料的形态。

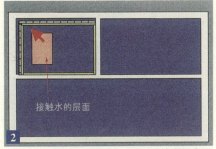

2 在面向如上图所示的基底的土层的红色箭头部分产生了内部结露。

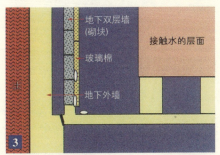

3 在接触水的层面的背面,潮湿的空气透过玻璃棉,当接触到温度较低的砌块表面时引起了内部结露。

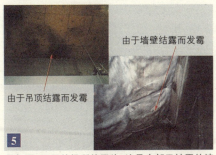

4 在拆除玻璃棉之后结露就消失了。在机械室的内装饰中多半都是根据贴玻璃棉的标准实施的,然而,必须考虑贴玻璃棉的目的是什么。

5 是与图1不同的场所的照片,这是内部已结露的墙面的玻璃棉与填于吊顶内侧的玻璃棉板因结露而发霉的状况。

136 吊顶检修口的失败案例

吊顶的检修口是为了吊顶内部的设备维修保养，或快速确认漏水状况及修理等必不可缺的。从建筑美观的角度有时不希望设检修口，但应该准备相应的措施。此处将列举在检修口方面的失败案例。

1 被切断的C型槽钢　　吊顶检修口位置

当吊顶检修口位于墙壁一侧悬吊螺栓位置处时，将成为不稳定的开口。

顶棚的裂纹

2 对吊顶龙骨的开口处没有进行补强加固的检修口在使用过程中吊顶板产生了裂缝。

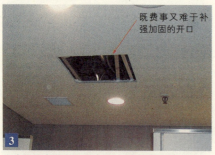

既费事又难于补强加固的开口

3 因为厕所中没有吊顶检修口，后来补开了一个，上层有厕所的房间为了检修排水管也应设置检修口。

钢梁

4 这个也是后来新开的检修口，却正好设在了钢梁的下方。施工顺序的错误造成了接连不断的失败。

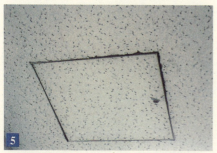

5 无边框型的检修口，无边框就不能保护石膏板的周边，在使用过程中周围的石膏板就易于开裂。

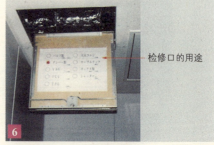

检修口的用途

6 在检修口封板背面最好标明用于什么设备的检修口。也可以在表面边框上贴检修口的用途标记。

137 走廊吊顶的失败案例

为了顺利地实施装修工程,掌握设备的作业量是必不可少的。特别是走廊的施工位于作业面的关键路线上,因此,必须制定出详细的计划及选择合适的工法。

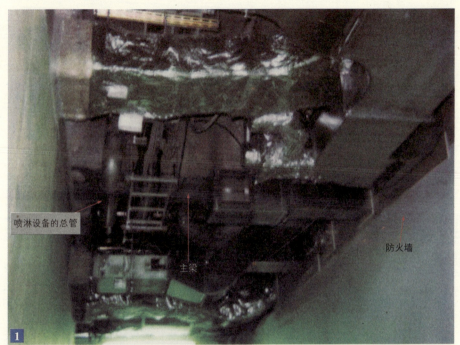

1

走廊是集中设置通风管道、设备配管及电气支架等的设备类的地方,故很难施工吊顶的龙骨。事前即使布设了吊顶的嵌入件,有时由于在装饰工程中发生变更,因此多半都使用不上。当两侧有防火墙时,在安装设备之前要彻底地处理所有的缝隙并预先进行充分地检查。事后填平缝隙相当费工。

2

当事前安设的吊顶嵌入件碰到设备机器时而不能使用,吊杆基本上都是采用后施工锚杆固定的。

3

滑轨穿过走廊两侧的防火墙,在这里安装带小柱的吊顶龙骨,故不必考虑吊顶嵌入件的有无,可以得到很好的装修效果。

138 梁与墙之间连接的失败案例

当将防火墙布设在钢梁附近时，如将防火墙一直顶到楼板，则在钢梁与防火墙之间就没有作业空间，就不能进行隔断处理。如此处有设备配管等，其贯通处理也将不可靠，所以，必须事先就调整好与梁之间的位置关系。

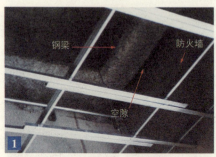

在钢梁与防火墙之间空隙的上部与楼板之间的连接部位是否进行了防火处理无法确认。

如果是此类的节点，那么防火板的固定及端部的防火处理、设备配管的贯通处理将无法实施。

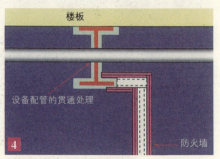

如图3和图4所示，由于将防火墙连接在钢梁的下翼缘处就可以解决图2中所述的问题。

这是防火墙的水平部位与钢梁下翼缘之间的防火隔断处理的状况。

这是将墙壁的轻钢龙骨安设在钢梁处的状况。

139 楼板之间的防火处理的失败案例

　　如果楼板与防火墙连接部位的防火隔断处理工程一推迟，就非常麻烦了。另外，设备工程及其他工种之间施工顺序的调整也非常复杂，所以，如调整不充分很多情况就将出现如图1所示的问题。

待吊顶龙骨施工完后就在龙骨之间进行防火墙与楼板之间的防火处理。

当出现待贴完吊顶板之后发现隔断处理不当这种最不利情况时，此时必须在吊顶内进行改造作业，这样防火喷涂的渣滓就会掉落到吊顶板内。

如果在吊顶龙骨施工之前进行防火处理的话，就可像图3所示这样简单地施工了。

这是在对钢梁喷防火涂料后贴防火板，然后再喷补与梁的防火喷涂之间缝隙的施工状况。

如果先行安装设备配管，防火板的隔断处理将无法施工。

如果采用喷涂方式的防火隔断从吊顶表面施工至梁下，并先行安装设备，在其下方施工防火板，则防火处理就方便了。

140　墙壁与压型钢板之间的连接案例

当将防火墙一直顶到平坦的楼板底部时虽无什么问题，但当利用压型钢板组合楼板时其处理就很麻烦。在事前的计划中就要考虑哪种构造更为合理的问题。

底平压型钢板

1 仓库的外墙。虽不是防火墙，但与底平压型钢板之间出现缝隙很不雅观。

2 这是组合楼板之下的竖井墙体。这里也出现了缝隙。

3 对防火墙与压型板之间虽进行了防火处理，但饰面很难看。

4 这是揭开排烟通风管道周围的防火墙的照片。与楼板衔接处的处理很麻烦。

5 如果张贴与压型钢板外形相一致的剪裁好的板子就可以施工出如照片所示的漂亮的饰面。

6 这是用防火涂料处理的钢梁与压型钢板之间的照片。在梁下将防火墙与ALC板连在一起。

141 墙壁连接系统中吊顶脱落的案例

地震时墙壁与吊顶之间产生了错动，端部的板脱落了。

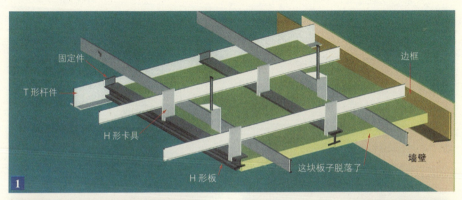

1

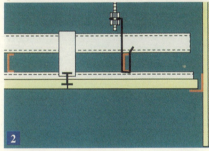

2
将端部搭在墙壁侧面的边框上

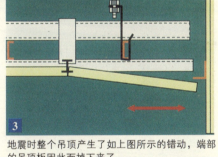

3
地震时整个吊顶产生了如上图所示的错动，端部的吊顶板因此而掉下来了。

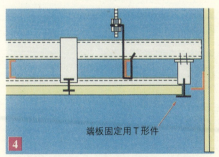

4
在吊顶系统中为了固定住每块吊顶板，本应采用如上所示的构造做法却按图2进行了施工。

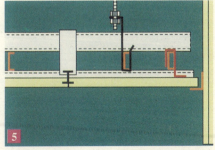

5
当因为与其他部位之间的关系需采用边框为如图2所示的节点时，应在吊顶板位于墙壁一侧穿C型钢，并在板内侧进行固定。

142 系列吊顶检修口的脱落案例

系列吊顶的检修口的盖板产生了脱落事故。使位于其下的人受了伤，出现了很大的问题。为了防止再度发生此类事故，必须对所有的吊顶进行检查。一个小小的疏忽或者一个人的失误将会造成信用的丧失。为了不再发生这类事故，必须设计出一个即使脱落也掉不下来的结构构造。

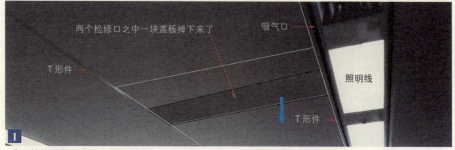

为了检修吊顶之内的空调机械，如上图所示，挂在T形件间的两块连续的检修口中的一块盖板掉下来了。

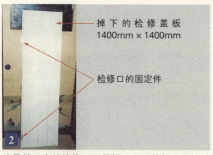

这是掉下来的检修口用盖板。因两块板子是连续的，防脱落件只设在了一侧。

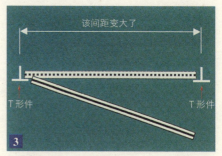

经调查原因得知T形件与T形件之间的间距只是检修口部分扩大了。

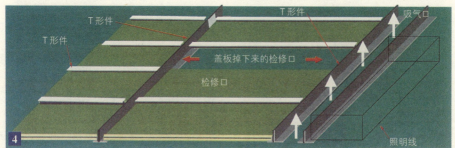

这是由吊顶内侧俯视检修口的图纸。打开检修封板在吊顶内作业时，脚蹬T形件使T形件间的间距扩大了，因为对此未加注意是产生事故的原因。止动的H形件与T形件的固定夹具脱落了。为了不使检修口周围的固定夹具脱落必须采取螺栓固定等措施。

143 防烟墙的失败案例

因推迟了吊顶内部排烟隔断的施工时间,可以看到在困难的状态下进行了施工。

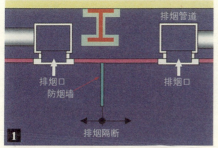

当由吊顶向下设置排烟隔断时,如上图所示,在各自的吊顶表面设置排烟口并与通风管道相接。吊顶内部无需设置排烟隔断。

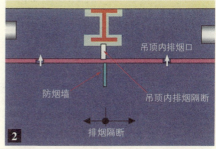

当在吊顶内部也需排烟时,就必须对吊顶内部也进行隔断。此处施工很难。

因在吊顶内部也需排烟,故要在吊顶板与楼板之间设置排烟隔断。

尽量将吊顶内部的排烟隔断设在梁下将更易于处理,也便于检修。

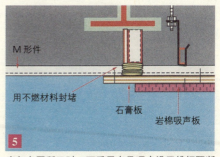

当如上图所示时,可采用在吊顶内设置排烟隔断的施工方法。

144 四周凹圆顶棚的几个案例

现在有用钢板制作四周凹圆吊顶的趋势,但是当用钢板时,接头部位很难对齐。如下所示的是使用石膏板与模板用的嵌缝料构筑出的所要求的造型的事例。

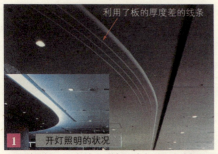

1 开灯照明的状况

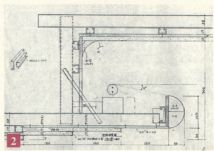

2

这是利用板的厚度差表现出的线条。另外端部的圆角使用模板的工程中的内角八字小木条,为了使之内部的照明不被看见,且将整体的厚度控制在最小方面下了不少功夫。图2是其施工图。

3

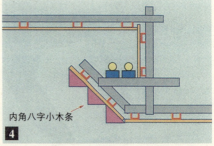

4 内角八字小木条

为了将三个转角部位搞得更漂亮一些,在斜向贴的石膏板之上排上三排模板工程用的内角八字小木条。阳角不靠石膏板就能创造出漂亮的造型。

5 下降了一层的吊顶

6

此时吊顶四周凹圆较浅,比较难于设置间接照明。此时将四周下降一层在凹处就可形成漂亮的阴影。

显示出吊顶被割裂的影像。为了创造出角部的美感使用了与石膏板相同厚度的分缝条。

145　檐口顶棚的失败案例

　　檐口顶棚因正面受到来自台风的风压及风雨的影响，故必须进行加强。即使是面积较小的阳台等也不要使用吊钩型的吊顶龙骨铁件，必须使用适合外部吊顶用的紧固型铁件。

如图1所示溶雪流到檐口内的吊顶板处，再度冻结，有时将破坏吊顶板。

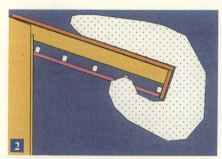

溶雪如图2所示流入，破坏了檐口内侧吊顶板，因此必须对檐口内侧的吊顶板进行补强加固。

雨流入檐口内侧顶棚处而生成霉菌。因滴水沟的深度不够，雨水向里侧渗入。应确保如图4中的右图所示的滴水沟的深度。

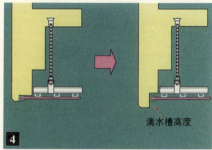

阳台的吊顶板在台风的负压力作用下产生了向下拽的力。

对于外部顶棚的龙骨应使用外部专用铁件，还应加强支撑系统以增加整体刚度。

146 外部岩棉吸声板被污染的案例

建筑物竣工后随着时间的推移有时将发生一些问题。图1就是其中的一例。在外部入口处的檐口的底部所贴的岩棉吸声板上粘附着格子状的污物。

该格子状污物所形成的形状与基层石膏板形状相同。这是由于污染的尘埃长年吸附在基层石膏板的缝隙之中。

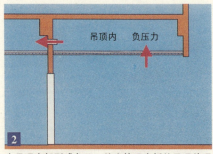

在吊顶内部形成负压,从岩棉吸声板的吊顶处吸入污染的空气。

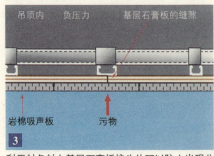

利用封条封上基层石膏板接头处可以防止出现此种情况。

[7] 抹灰·地面·瓷砖及砌石工程

147 楼梯踏步高度的失败案例

图1为搞错了楼梯踏步高度的施工案例。这类踏步高度的错误容易产生因绊倒而失足跌落的事故。另外楼梯踏步抹面砂浆如图3所示易开裂，所以应研究出如图6所示通过提高模板施工精度不抹砂浆的方法。

这是楼梯最上部的踏步高度搞错了的非常危险的一部楼梯。必须培养出可用肉眼检查出该部分错误的眼力。

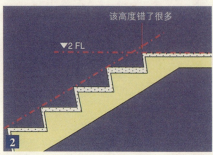

在楼梯结构施工时出现了标高错误，在未经调整的情况下进行了装修。

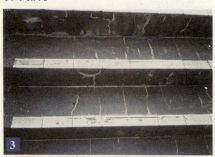

抹饰面砂浆的楼梯如照片所示易于开裂。

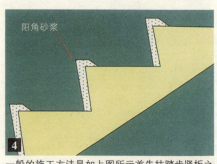

一般的施工方法是如上图所示首先抹踏步竖板之后再摊平踏步表面，但这样阳角易于出现缺陷。

这是在踏步竖板处安装水泥板同时进行踏步面抹灰及水泥板背后灌浆的楼梯。

这是同时进行装修的楼梯，抹薄层饰面，故不易产生开裂。

148 地面工程的失败案例

在地面上铺长条薄板及P瓷砖后一经打蜡，原本不显著的地板的凹凸及沙粒的印迹在光泽的照耀下立刻就醒目起来，有时需要返工。为了不出现这种状况，事前的管理及检查相当重要。

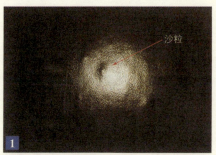

如果贴完长条聚氯乙烯薄片的地面一经打蜡，这样进入薄片与地面基层之间的沙子与灰尘等立刻就醒目起来。

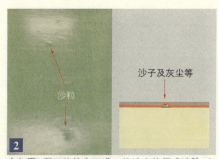

在如图2所示的状态下进入的沙尘等很难清除。如果是比较软的沙子用锤子是可以敲碎的，但有时会伤及地板格。

这是在地板上涂胶粘剂的地方。如果在晾置期间内从事其他作业，沙子及灰尘等就会粘在上面出现图1及图2所示的情况。

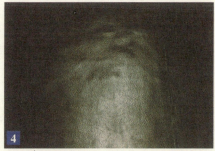

混凝土基底的修补找平不彻底就产生了难看的凹凸现象，如果修补的涂层太薄就易于出现这种问题。

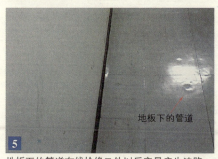

地板下的管道布线检修口处以后容易产生注陷。

这样的地面在反射光的照射下凹凸特别醒目。如在暗处从侧面照光检查凹凸不平之处，待修补完基层之后再进入地面装修工程就可以得到满意的效果。

149 瓷砖基底的剥离案例

有的建筑物外墙的部分瓷砖剥离，因担心其掉下来就在外墙铺上网子，另外，还有的建筑虽然新建不久但已开始搭脚手架进行重新贴瓷砖的返工作业。即使是瓷砖贴得很牢固，但是如若打底子的砂浆施工得不好也会出现如图1所示的剥离现象。

瓷砖与基底砂浆一道从混凝土墙面剥离了，形成了5cm左右的缝隙。

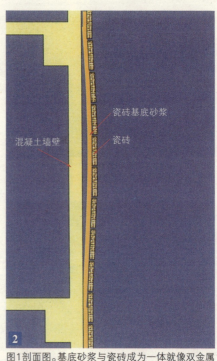

图1剖面图。基底砂浆与瓷砖成为一体就像双金属片那样从混凝土墙上脱落了。

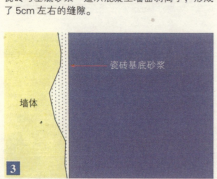

在墙体精度比较差的部位未进行找平作业就直接抹较厚砂浆的省事做法是很危险的。有时刚抹的砂浆尚未凝结就开始剥落。

如图4所示凿墙的作业有时会给刚抹不久的砂浆层以强烈的振动，施工程序不对将导致出现瓷砖剥离的现象。

150 墙壁瓷砖龟裂及剥落的案例

现在频频发生外墙瓷砖起鼓、剥离及脱落事故。如未经采取任何措施就一味地贴瓷砖，就会导致如下所述的失败，因此，必须充分规划。

1 这是在 ALC 板上贴瓷砖的案例，女儿墙与混凝土水平接缝接处的瓷砖剥离了。

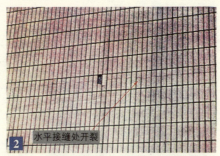

2 层间水平接缝处的瓷砖沿施工缝产生了裂纹。

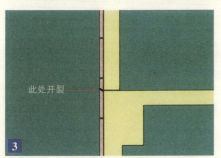

3 瓷砖沿混凝土的水平接缝处开裂。

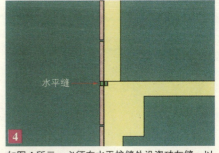

4 如图4所示，必须在水平接缝处设瓷砖灰缝，以此为准排列瓷砖。

5 这是在街面上常见的防止瓷砖脱落的保护网。为了不这样做事前必须进行充分的考虑。

6 对比较重的瓷砖为了防止贴砖时滑落必须进行充分固定。另外还应注意如果瓷砖灰缝比较深其固定瓷砖的力量就将减弱。

151 挑檐内侧的失败案例

当在挑檐的底下、侧面及顶上抹砂浆时，有时会开裂掉下来。即使进行返修不仅需要费用而且也很难恢复原样。最好不要有以后进行补修的想法。

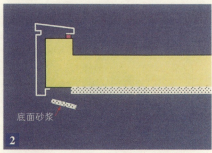

抹在底面的砂浆由挡板处剥离掉落了。在这种状况下，在其下部通行将很危险。如雨水进入其内则将加速砂浆的剥离。另外，在寒冷地区水冻冰而产生膨胀，这将变成剥离砂浆的外力。

挑檐侧面的砂浆已经脱落，水流入挑檐里侧使喷涂材料剥落。

挑檐上部的防水砂浆开裂而漏水，挑檐底下的砂浆产生剥离已脱落。

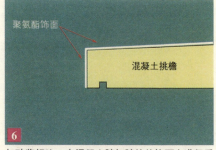

这种处理方法受温度及雨水的影响砂浆易于开裂。

与砂浆相比，在混凝土随打随抹的饰面上进行受温度影响很小的色彩鲜艳的聚氨酯涂饰的做法，其失败实例甚少。

152 坡屋顶的失败案例

坡屋顶的不利之处甚多。因它是易于受太阳辐射温度影响的场所，故为了今后不再出现这种不利局面，在设计阶段就要预先计划采取何种止水措施才行。

在坡屋顶上刷的防水砂浆产生了剥离，因此设置了防止掉落的防护网。喷涂在防水砂浆表面上的暗色类的喷涂材料产生了很大的温差。

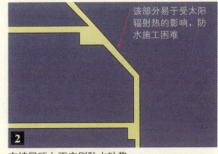

在坡屋顶上不应刷防水砂浆。

为了止住来自女儿墙斜坡处的瓷砖的漏水而喷涂了止水用的涂料，但产生了污染。

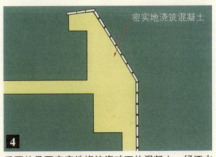

重要的是要密实地浇筑瓷砖下的混凝土，经洒水试验确认之后再贴瓷砖。

这是在坡屋顶上实施的防水，在其上浇筑压毡层混凝土的地方，如图所示，压毡层混凝土开裂了，在这种部位不适合用压毡层混凝土。

153 外部涂装的剥离案例

外部喷涂材料随着时间的推移产生了如图1所示的饰面材料起鼓及剥离现象。在嵌缝的较差部位及施工不完备部位很快就出现了这种现象。为了尽可能延长装饰面的寿命，必须进行充分的施工管理。

1 这是外墙喷涂材料剥离的状况。在施工缝四周剥离甚多。

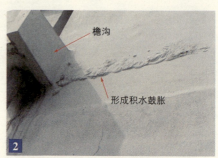

2 如在外墙中使用止水性强的喷涂涂料，也会止住来自内部的渗水，产生了积水鼓胀现象。

3 这是利用暗色类的喷涂材料装饰外墙腰墙处的照片。与上面墙壁相比，喷涂材料劣化更快。

4 这是镀锌钢管的表面涂饰材料剥离的状况。如果省略了腐蚀性涂料等的基层处理，则会加快剥离速度。

5 由于钢构件之间无法刷涂料而产生了锈蚀。

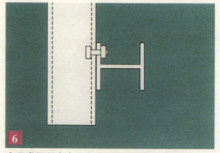

6 在此类场所中应尽量使用镀锌的钢构件。

154　瓷砖划分中的失败案例 (1)

这是瓷砖划分中的失败案例。经常会发现在吊顶及地面交接处出现太粗的灰缝。因图纸不充分、现场管理不严及缺乏细致的考虑等缘故不知不觉中就形成了这种局面。

1 因在窗帘盒之下进行高度分格,故用灰缝填补了与顶棚之间的高差。

2 如在吊顶的稍许向上之处开始分格,就可以得到这种整齐的饰面效果。两面交接处的嵌缝技术必须进行很好的继承和总结。

3 由于在铺设完吊顶之后开始贴墙面的瓷砖,于是在与吊顶之间形成了缝隙,很难看。

4 如图4所示在施工完墙壁之后,再安装吊顶就可以得到理想的效果。

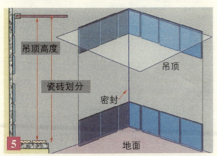

5 将吊顶与地面的高度由瓷砖放样端稍许下降些就可以得到良好的装修效果。对于阴角与框之间的连接为了防止其开裂要进行密封处理。

6 如这样处理就可以看到整齐的吊顶与地面。

155 瓷砖划分中的失败案例 (2)

近年来因贴瓷砖的房屋越来越少，不懂得贴瓷砖施工要领的负责人较多。最好能在了解易于产生失败之处的基础上绘制墙体划分图再进行施工。

1 虽想使门框与墙壁吻合，但由于安装错误产生了偏离。在门框上方虽然贴了小块瓷砖，但在墙与框之间却无法贴上瓷砖。

2 在门框左侧贴了整块瓷砖，但因框上的高度尺寸不够而贴上了小块瓷砖。

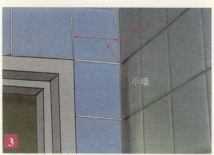

3 如若图1按图3所示，在门框的旁边设一堵窄墙则瓷砖划分就整齐了。另外在转角处最好采用比整块瓷砖稍小一点的瓷砖。

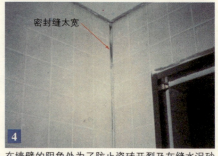

4 在墙壁的阴角处为了防止瓷砖开裂及灰缝水泥砂浆脱落，必须进行勾缝（密封）处理，但图4中的勾缝太宽，很难看。

5 如墙面瓷砖的精度差，就会像这样形成缝隙。

6 当贴装饰性瓷砖时，要考虑花样瓷砖与开关及插座之间的位置关系之后再贴。

156 易于变色的石材

当施工这种大理石时，白白地相当漂亮，但是，应该知道在这种石材中含少量铁质成分，它随着时间的推移将产生氧化，有时将像图2所示那样发黄。另外，还需注意如图4所示当使用有裂隙的大理石时，有时胶粘剂中的成分会穿过裂隙渗到石材表面上来。

1 刚施工完时呈现出这种漂亮的颜色。

2 随着时间的推移如上所示开始发黄变色。

3 这是变成黄色的地面大理石。受水分影响之处变色较重。

4 在粘贴大理石的施工中，胶粘剂中所含的酸性成分透过大理石中的裂隙侵蚀了表面。

157 将大理石用于卫生间的失败案例

大理石中颜色及花纹图式种类繁多，作为建筑材料是很理想的，但是，因不理解其性质当搞错用途而使用时，就将引起诸多问题。在设计阶段中当采用了将来可能产生问题的使用方法时应该尽早地指出。

1 小便器周围的大理石发黄变色。应该认识到大理石是一种对酸性反应比较强的材料。

2 这是在小便器之下的污水滴落处铺设的花岗石。近年来与花岗石相比多半都使用特性比较稳定的人造大理石。

4 这是为了防止污染在小便器周围使用的抛光石材，但是其效果没有经过时间的考验尚不清楚。

3 这是墙壁及地面都用凝灰石进行的装修。进入凝灰石沟的污物很难清除。当药品进入沟内时有时将溶蚀石材。

由于错误地使用了建筑材料，最初相当美观漂亮的内装饰随着时间的推移将变得丑陋难看，有时还需要重新装修。这是由于设计人员、施工人员及石材工程的专业人员疏于协商才形成的局面。这就要求推销产品的人员应有正确的态度，在介绍其长处的同时，还应实事求是地指出其短处，与此同时也要求设计人员及施工人员不断学习增长见识。

158 石材砌缝中砂浆成分的渗出案例

人们经常会看到如图1及图5所示的难看的景像。尽管使用了昂贵的材料而造成这种局面的是设计人员及施工人员技术经验不足所致。

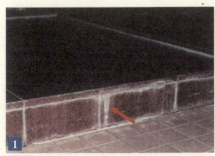

贴石材中所用砂浆的成分由贴石材的浴池的灰缝中溶出来了。

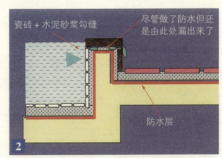

这是浴池内部因为贴了瓷砖，水从瓷砖的水泥砂浆勾缝中渗出，再由防水层之上渗到浴池之外的石材的勾缝中的图片。

这是防止再度发生如上所述事故的浴池。内装饰均使用花岗石贴面，用多硫化物类的密封材料勾缝。

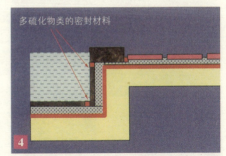

图3的剖面图。用多硫化物类的密封材料勾缝防止漏水。

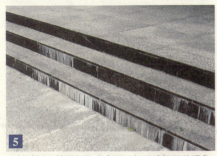

石材贴面的楼梯部位也出现了与浴池相同的现象。在水头差比较大的下面的踏步处渗出物较多。

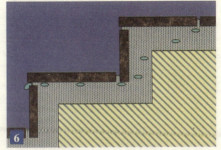

对易于漏水的部位必须进行密封处理。另外，最好在最下部设置排水设施。

159 地面石材的开裂案例

在建筑现场采用较薄石材贴面之后，出现了很多地面石材的起鼓及开裂现象。当使用较薄石材贴面时，虽然可以减少勾缝量，但是，在制定施工组织计划时必须考虑使其充分贴牢。

1 裂缝已殃及石材地面。当揭开石材时发现砂浆还未产生强度的情况较多。

2 地面石材灰缝余量甚少。

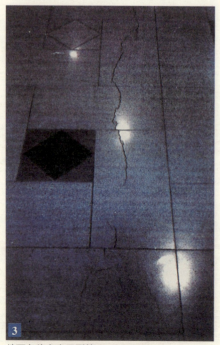

3 地面各处产生了裂缝。

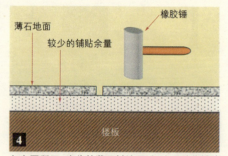

4 如上图所示，当为较薄石材地面时，由于砂浆铺贴余量少，使劲敲击是不能够提高水泥砂浆强度的。

5 施工良好的地砖用水泥砂浆如图中所示即使揭开之后仍旧粘在石材之上。

160 贴石材门扇的失败案例

有的设计在门扇上贴石材饰面，意在掩饰门扇的存在，但是由于门扇较重门轴处易于磨损，对此应有所认识。有时在门扇上固定石材的构造做法处理不好，如果不按规定程序进行施工有时会产生石材脱落致人伤亡的事故，所以要求在管理上必须引起足够的重视。

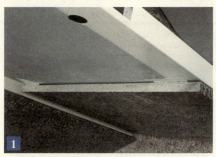

这是仅仅用早强水泥砂浆粘接在没有用铁件固定的状态下准备贴下一块石材的照片。

上部设有固定石材的铁件。

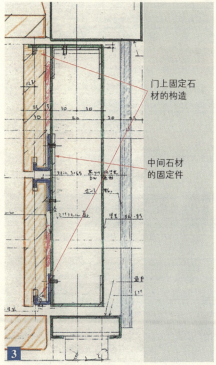

实际上用该铁件是无法固定住石材的。

虽然在门的上下两端设有固定石材的铁件，但是为什么没设中间固定件呢？回答是石材的划分不到最后无法确定。门的生产厂家不可能设置位置不明确的铁件，就将没有中间固定件的门运至现场，在贴石材阶段虽对担当人说过，但是担当人不明白其缘由，又由于时间紧迫，就出现了如图1所示的只在形式上安装的现象。这是在缺陷工程中司空见惯的情况。

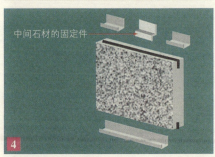

如图4所示的中间固定铁件在搬运成品后砌石工程中进行安装是比较合理的。

161 易跌跤、易滑倒的构造节点

建筑物竣工之后最易出索赔事故的就是地面装修。对于可能使行人受伤的部位在设计上应充分考虑。

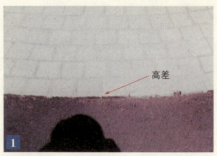

1 在花岗石地面与沥青道路之间有1cm的高差，跌跤人一多就将出现索赔问题。

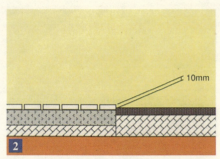

2 图1中的构造做法不明显的高差反而更加危险。

3 人行道与车行道之间的路缘石被切割成斜坡形，下雨天非常滑，所以，贴上了橡胶防滑条。

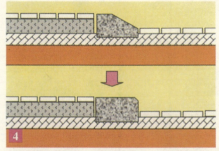

4 与铺设经斜向切割的路缘石相比，还是下边的形式不易打滑。

5 要想到此种坡道处因为铺设了抛光石材，雨天时易于打滑。

6 在电梯的出入口处因使用了抛光石材而出现了索赔问题。防滑条的槽沟三条太少，当地面装修改变时容易打滑。

162 喷水工程的改善案例

在约为8m×12m的喷水池四周确保均匀流水的喷水的精度是相当困难的。此处所介绍的是前几页所涉及到的为解决砂浆成分易于渗出问题而采用的案例。

基本的剖面如图1所示。在喷水周围比较狭窄的部位贴花岗石。

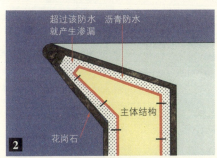

一般情况下是在结构上做防水，而后在其上贴花岗石，但是存在着粘附的砂浆成分的渗出及为固定石材锚杆要穿过防水层的问题。

为了减少砂浆用量，先铺设石材，而后将其兼作模板，在其中灌注砂浆。

只是在最上部贴上石材，对全部灰缝均选用多硫化物类密封材料进行施工。

这样既可以高精度地施工，又可以防止砂浆成分渗出。

[8] 外部结构工程

163 车道斜坡坡度的失败案例

在通向地下停车场的坡道工程中,特别要注意汽车的底盘有时可能碰到地面。特别是当为前后轮的轮距比较长的轿车时,其危险性更大一些。

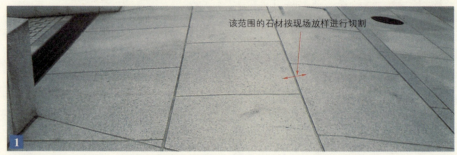

坡道起始端位置类似于山顶一样,有时会与车辆的底盘接触。图1中也发生了这种事故,事后将形成尖点处进行了切削处理。

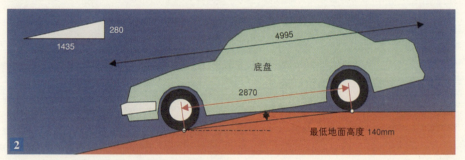

对条件最恶劣的场所绘制出当轿车通过时的分析图。

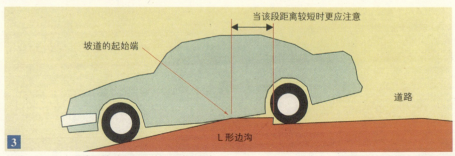

如图3所示,当道路距坡道的起始端的距离较短时,由于设L形边沟而形成的高低差将易于产生事故。另外弯道曲线弯曲下降的坡道的内侧易于形成陡坡,因此必须绘制效果图予以确认。

164 停车场的容许高度的失败案例

当停车场内为了防止内部的设备机器的破坏及车辆受损,而装设限制某高度以上的车辆进入的横杆。有时因安装不妥而出现问题,另外图5及图6所示就是在设计阶段应充分研究的事项。

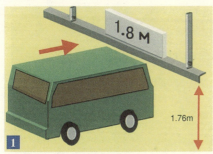

1 高度为1.8m以下的车辆碰到限高横杆而伤及车顶,有时会提出损害赔偿。

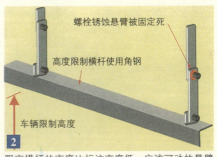

2 限高横杆的高度比标注高度低,应该可动的悬臂因生锈被固定住。

3 如果像图3所示那样使用吊链及树脂类的横杆则就不存在这类问题。应准确地设定高度并进行定期检查。

4 停车机械虽限制了车辆的宽度及高度,但是通过的车辆有时会发生碰坏停车机械的事故。

5 停车场不仅是一般车的停车,有时运垃圾车也进入。那么怎么样区别各自的车辆,如何进行管理?搞清楚通风管道、防烟墙及泡沫灭火设备等高度没有?对这一系列问题必须尽早地研究。

6 当地下室有机械室时,也应考虑到机械设备的更新换代问题,最好预先就考虑到开口及设备的高度。

165 为融雪的外部结构坡度的失败案例

融雪装置只有在积雪之后才能首次确认其效果，但当积雪时雪不溶化直接导致了投诉事件的发生，为了解决该问题的返修工程给业主带来很多的不便。因此，要求在设备工程(融雪配管的配置)与建筑工程(外部结构工程)之间进行充分的调整。

1 设置了利用井水的融雪装置，但融雪水不均匀流淌，仍形成了积雪。

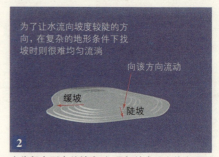

2 当为复杂形态的坡度时，最好绘出等高线来预测流动状况。

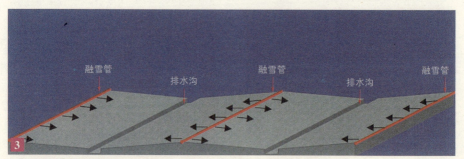

3 如图3所示的融雪装置的配置及坡度是比较理想的形式，但要调节流量。

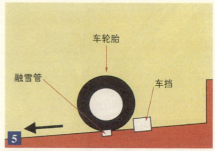

4 5 因融雪管与车挡位置布置不当，融雪管产生了上浮。当车辆前进或停止时在其上作用以很大的外力，是最不利的位置。多少再向车挡处抬高一点就可以防止此种失败。

166 沥青道路的侵蚀等案例

沥青道路有时将受到侵蚀，这一点应引起注意。另外，如图3所示当人行道塌陷时，非常危险。图5是在施工安排中存在严重疏漏而引起的很大的失败案例，为了不判断错误请予参考。

1
道路中的沥青路面受到了冲洗垃圾的污水侵蚀，后来用水泥砂浆进行了修补。

2
污水流过的部位受到了冲刷及侵蚀，但路面线却没被侵蚀，其原因尚不清楚，但可以看出在此种条件下的部位不适合做沥青路面。

3
在锁结式块料路面下的沙垫层产生了下沉现象。

4
为了不让锁结式块料路面基层的沙子挤出来，在铺设沙垫层之前应调查一下有没有沙子流出来的坑洼等。

5
这是在锁结式块料路面之上铺上钢板让吊车通过之处，被压实的表面出现了凹凸不平，修补相当费事。

6
沥青路面中的胶粘剂溅到花岗石的路缘石上，并渗入石材中，后来进行了返修。

167 种植植物的失败案例

种植工程也可以说是外部工程的一部分,但容易被疏忽。为了不致于产生图1及图2所示的失败现象,在设计中希望能考虑树木的生长过程。

种植在人行道处的树木的根系使路面产生了隆起,沥青路面因此而开裂了,考虑到树木的生长在其周围应设出比较富裕的空间。

内侧的挡土墙由于树木生长的压力的作用而开裂了。

栽植物的侧墙使用了石材,但水泥中的成分已经溶出来了。

当在外部结构工程中使用石材时,这种失败现象时有发生。但要采取措施防止水从勾缝中渗出。

当建造室外浴池时,在其周围将栽种一些树木,但是当为图5所示的情况时,下雨时山坡中的泥水将流到浴池中。

在室外浴池的侧面必须设排水沟。此种方法也可应用于如图3所示的场所。

168 树木的倾倒案例

一般情况下树木是可以承受住大风的作用的，它是在大自然中长年累月在大风的考验中逐渐生根下去的。应该认识到如图1~图4所示的人造环境是很脆弱的。

当建筑物建成时作为沿街绿化项目将栽种一些小树木，力图在这种场地中使其生长。

因建筑物老朽将地上部分拆除。

建筑物被拆除后，来自左侧的大风吹到所剩下的树木使树木倾倒。建筑物的地下室外墙形成了障碍，使根部偏向一边，挡风的建筑物被拆除是树木倾倒的原因。

重新种植不久的树木根系还不发达，弱不经风。因此固定用的锚杆及撑杆必不可少。

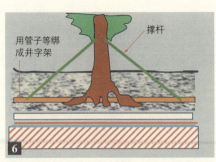

屋面上的树木长大后，在强风的作用下会产生晃动，所以应预先在土中设置稳定杆件，不要选择高大树种，还应经常进行维护保养。

作者简介

半泽正一

1974年毕业于日本横滨国立大学工学院建筑系。积累了27年的建筑现场施工经验,现在为建筑工程项目经理。日本一级建筑师、一级建筑施工管理工程师和卫生管理人员。

著有:《建筑防水与装修工程》、《建筑设备工程》和《建筑结构工程》。